本試験形式！

エックス線
作業主任者
模擬テスト

東京大学工学博士　福井清輔　編著

弘文社

まえがき

　本書は，国家資格であるエックス線作業主任者試験を受験されるみなさんのための試験対策用の問題集です。過去に出題された問題を分析し，実際の試験と同様のレベル・形式の模擬テスト2回分を収録しています。

　多くの資格試験の合格基準は一般的に60～70％となっています。エックス線作業主任者試験も全科目平均で60％以上（各科目が40％以上）で合格です。ですから，「すべて正解しなければ」と気負うことなく，コツコツと取り組み，解ける問題を1問でも多く増やしていきましょう。

　この資格を目指される多くのみなさんのご奮闘を期待しております。

　　　　　　　　　　　　　　　　　　　　　　　　　　　　著者

目　次

エックス線作業主任者試験　受験ガイド ……………………………6
本書の活用方法 …………………………………………………10
受験前の心がまえと準備 …………………………………………12
試験に臨んで ……………………………………………………13

第1回模擬テスト　問題
　1．エックス線の管理 ………………………………………16
　2．関係法令 ………………………………………………21
　3．エックス線の測定 ………………………………………26
　4．エックス線の生体に与える影響 …………………………32

第2回模擬テスト　問題
　1．エックス線の管理 ………………………………………40
　2．関係法令 ………………………………………………46
　3．エックス線の測定 ………………………………………54
　4．エックス線の生体に与える影響 …………………………60

正解一覧 ……………………………………………………68

第1回模擬テスト　解説と正解
　1．エックス線の管理 ………………………………………70
　2．関係法令 ………………………………………………84
　3．エックス線の測定 ………………………………………95
　4．エックス線の生体に与える影響 …………………………104

第2回模擬テスト 解説と正解
1. エックス線の管理 ……………………………………115
2. 関係法令 ………………………………………………126
3. エックス線の測定 ……………………………………135
4. エックス線の生体に与える影響 ……………………146

付録 受験前のチェック！重要事項 ………………………157

エックス線作業主任者試験 受験ガイド

※本項記載の情報は変更される可能性もあります。
必ず試験団体に問い合わせて確認してください。

●エックス線作業主任者とは

　エックス線は，工業的分野，医学的分野，学術的分野など様々な分野に広く利用されており，エックス線装置の扱いに当たって，その方法を誤ると，関係者の人体に有害な影響を与えます。

　エックス線装置を扱う職場では，エックス線に関する知識および技能を身につけた資格者であるエックス線作業主任者の監督のもとで業務を行うことが義務づけられています。

　第1種放射線取扱主任者免状の交付を受けている場合には，都道府県労働局長に免許交付申請をすることで，試験を受けずにエックス線作業主任者免許の交付を受けることができます。

●エックス線作業主任者試験の受験資格

　エックス線作業主任者試験の受験資格としては特段の制限はありません。性別，学歴，年齢などを問わず受験することが可能です。

●試験科目

○は受験が必要な科目

区分	科目	4科目受験者	1科目免除者	2科目免除者
午前	エックス線の管理に関する知識	○	○	○
午前	関係法令	○	○	○
午後	エックス線の測定に関する知識	○	○	―
午後	エックス線の生体に与える影響に関する知識	○	―	―

※科目免除については，次ページを参照してください。

●試験時間および合格基準
試験時間
- 4科目受験者：午前2時間，午後2時間の計4時間
- 1科目免除者：午前2時間，午後1時間の計3時間
- 2科目免除者：午前2時間のみ

合格基準
- 4科目のそれぞれが40％以上
- 全科目あわせて60％以上

●科目免除

科目免除対象者	免除科目	手続き
第2種放射線取扱主任者免状の交付を受けた者	・エックス線の測定に関する知識 ・エックス線の生体に与える影響に関する知識	受験申込書B欄の学科「一部免除」を○で囲み，(測定)(生体)と記入
ガンマ線透過写真撮影作業主任者免許試験に合格した者	・エックス線の生体に与える影響に関する知識	受験申込書B欄の学科「一部免除」を○で囲み，(生体)と記入

　添付書類も要求されており，その「写」には「原本と相違ないことを証明する」との事業者等の証明が必要とされています。

●試験日
　試験日は年に3～6回程度ですが，実施地区により時期や回数が異なっていますので，（公財）安全衛生技術試験協会あるいは各地区の安全衛生技術センターにお問い合わせください。

●受験申請書頒布
窓口
　受験申請書が，次の場所で頒布されています。
- （公財）安全衛生技術試験協会
- 各地区の安全衛生技術センター

・各センターのウェブサイトに記載の申請書頒布団体

郵送
　次のものをそろえて，受験を希望する各地区の安全衛生技術センターに申し込んでください。
・受験する試験の種類や必要部数を明記したメモ
・所定の切手を貼付し，宛先を明記した返信用封筒
・返信用封筒のサイズは，角形2号（33cm×24cm）

●受験の申込み

受験申請書の受付
・提出先：各地区の安全衛生技術センター
・受付開始：試験日の2ヶ月前から
・受付締切：窓口では，センターの休日を除いて，試験日の2日前まで
　　　　　　郵送では，試験日の2週間前の消印のあるものまで
　　　　　　ただし，各センターの定員に達した場合には，第2希望の日程になります。
・提出方法：窓口は，土日祝日，年末年始，5月1日（創立記念休日）を除く。郵送は，簡易書留

提出書類等
・免許試験受験申請書：所定の用紙のもの
・試験手数料：6,800円（※変更される可能性があります）。郵便振替または銀行振込用紙で払い込み，払込証明書を受験申請書の所定欄に貼付。窓口では，現金での払い込みも可能です。
・証明写真1枚（縦36mm×横24mm）
・本人証明書：自動車免許証，健康保険被保険者証，労働安全衛生法関係の各種免許証の写し，住民票の原本などの身分証明書を添付。

●試験センターのホームページ
http://www.exam.or.jp/index.htm

●お問い合わせ先

公益財団法人 安全衛生技術試験協会

〒101-0065　東京都千代田区西神田3-8-1
　　　　　　　千代田ファーストビル東館9階
　TEL　03-5275-1088

本書の活用方法

　エックス線作業主任者試験に限らず，どの資格試験でもあきらめずにあくまでも続けて取り組むことが大切です。「継続は力なり」といわれますが，まさにそのとおりです。
　こつこつと努力されれば，遅くとも確実に実力がつきます。がんばっていただきたいと思います。
　試験までに時間がある場合には，長期的な計画のもとに，試験までにあまり日がない場合は，短期的な計画を立てて，学習に取り組みましょう。

　本書は，エックス線作業主任者試験のための模擬テストですので，試験本番のつもりで取り組んでいただけるように作っております。
　ですので，試験本番のつもりで時間を計って取り組んでいただくのが，基本的な使い方かと思います。
　しかしながら，まだ実力が十分についていない，といった感触を持っている場合があるかもしれません。
　そのような場合には，第1回の模擬テストに取り組む際には，時間を定めずに，じっくり取り組んで，その後には解説をよく読み，どのように解けばよいのかを，しっかりと学習し，その上で，第2回の模擬テストでは，本番と同じように時間を計って取り組んでみるのです。
　このようにステップアップしていくのも1つのやり方かと思います。

　エックス線作業主任者試験に合格される方は，当たり前ではありますが，「60％以上の問題を正解される方」です。合格されない方は「60％の問題の正解を出せない方」です。
　合格される方の中には，「すべてを理解してはいなくても，平均的に約60％以上の問題について正解が出せる方」が含まれます。逆にいうと，約40％は正解が出せなくても合格できるのです。多くの合格者がこのタイプといってもそれほど過言ではないでしょう。
　合格できない方の中には，「高度な理解力をお持ちであっても，

100％を理解しようとして途中で学習を挫折してしまう方」も含まれます。優秀な学力をお持ちでも，受験の際に苦労する方が見受けられますが，およそこのようなタイプの方のようです。

　いずれにしても，試験勉強はたいへんです。最初から「すべてを理解しよう」などとは思わずに，少しでも時間があれば，1問でも多く理解し，1問でも多く解けるように努力されることがベストであろうと思います。

試験までに
解ける問題を1問でも
増やしておきましょう

受験前の心がまえと準備

　エックス線作業主任者試験も多くの資格試験の例に漏れず，たとえば次のように計画的に準備しましょう。

●事前の心がまえ
　弱点対策を中心に，計画的に学習を進めるようにしましょう。
　また，体調管理は大事です。受験の時期に風邪などをひかないように十分注意しましょう。

●試験直前の心がまえ
　必要なもののチェックリストを作って確認するくらい入念に準備をしましょう。送付された受験票も忘れずに。
　試験会場の地図などもしっかり確認しておき，当日にあわてないよう会場の位置などを下調べしておきましょう。
　試験間近の残業やお酒の付き合いなどはできる限り避けたいですね。前の日は，睡眠を十分に取りましょう。

●試験当日の心がまえ
　試験会場には，遅くとも開始時間の30分程度前には到着するよう出発しましょう。ご自分の席を早めに確認し，また，用便も済ませておきましょう。

試験に臨んで

　試験会場では，試験が始まる前に深呼吸をして心を落ち着けましょう。試験が始まれば，まず時間配分をよく考えましょう。

　計算問題はそれほど多くないとは思いますが，もしあれば得意な人は先に片づけて，そうでない方は他の問題を先に済ませて時間を作りましょう。その場合，後で忘れないようにする必要がありますね。

　次にそれぞれの問題では，どのような解答形式になっているのかをしっかり確認してから，問題文を丁寧に読んで，確実に除外できる選択肢を消していきましょう。

　どうしてもわからないときは，その問題を飛ばして次に進みます。1つの問題でむやみに時間を使わないことも受験技術です。ただし，印をつけておくなどして，後で時間が余ったときや忘れていたことを思い出したときに，解けていない問題がすぐに探せるようにしておきます。

　試験時間が残りわずかになって解けていない問題がある場合は，鉛筆をころがすのも1つの手段ですが，そのようなことにならないために，日ごろから実力をつけておきましょう。

> 時間配分を考えて
> 解ける問題から
> 片づけていきましょう

　1つの問題に10分も20分もかけていては，すべての問題を解く時間

がなくなってしまいますが，勉強された方なら問題を見ただけで正解がわかる問題も結構あると思います。

　ですから，必ずしも順番に解かなければならないものでもありません。自信のある問題が目についたら，それから片づけていきましょう。そして，自信のないものを後に残すようにしていくこともコツかと思います。

第1回 模擬テスト

試験時間等

時間区分	科目	問題数	試験時間
午前	エックス線の管理に関する知識	10問	2時間
	関係法令	10問	
午後	エックス線の測定に関する知識	10問	2時間
	エックス線の生体に与える影響に関する知識	10問	

- 4科目受験者：午前2時間，午後2時間の計4時間
- 1科目免除者：午前2時間，午後1時間の計3時間
- 2科目免除者：午前2時間のみ

※科目免除の詳細はP.7をご覧下さい。電卓は使用可能です。

正解一覧　　P.68
解説と正解　P.70

試験の時間は，20問を2時間で解くという割合なんですね
なので，平均すると1問あたり6分で解くことになるんですね

早く終わらせられるものを済ませて，時間のかかりそうな問題に時間をできるだけ振り分けたいものですね。

第1回 模擬テスト

1. エックス線の管理

【問題1】

原子の成り立ちや性質に関する次の記述のうち，誤っているものはどれか。

(1) 原子は，原子核と電子からできており，さらに原子核は陽子と中性子からできている。
(2) 陽子は正の電荷，電子は負の電荷を持つが，中性子は電荷を持たない。
(3) 電子は，複数の電子軌道上に存在するが，電子軌道は，内側からA殻，B殻，C殻…というように名づけられている。
(4) 電子が，より外側の電子軌道から内側の軌道に遷移する際には，一般にエックス線が発せられる。
(5) 電子は，クーロン力によって，原子核から束縛を受けている。

【問題2】

陽子や電子などの素粒子の重さを相対的に表す単位として，統一原子質量単位(u)があり，これは ^{12}C の原子量の1/12として定義されるが，これをkg単位で表したものとして最も近い値は次のうちどれか。ただし，アボガドロ数を 6.022×10^{23} とする。

(1) 1.23×10^{-27} kg
(2) 1.35×10^{-27} kg
(3) 1.47×10^{-27} kg
(4) 1.58×10^{-27} kg
(5) 1.66×10^{-27} kg

1. エックス線の管理

【問題3】
エックス線に関する次の記述のうち，正しいものはどれか。

(1) エックス線は高エネルギー荷電粒子の流れである。
(2) ガンマ線は原子核の外から発生する電磁波として，エックス線は原子核から発生する電磁波として定義される。
(3) 特性エックス線の波長は，ターゲット原子の原子番号が大きくなるにつれて長くなる。
(4) 制動エックス線は，軌道電子がエネルギー準位の高い軌道からエネルギー準位の低い軌道に遷移する際に発生する。
(5) 連続エックス線は，連続スペクトルを示すエックス線で，高速度で運動する電子が照射される原子の原子核のそばで急に減速されることによって生じるエックス線で，制動エックス線あるいは白色エックス線などともいわれる。

【問題4】
特性エックス線に関する次の記述のうち，正しいものはどれか。

(1) 特性エックス線は制動エックス線が放出される場合にのみ発生する。
(2) 特性エックス線のエネルギー分布は広い山形スペクトルである。
(3) 特性エックス線のエネルギーは，軌道電子間のエネルギー準位の差に相当する余分のエネルギーである。
(4) 特性エックス線のエネルギーは一般に数eVから数十eV程度である。
(5) 特性エックス線は原子番号の小さい物質から発生しやすい。

第1回 模擬テスト

【問題5】
エックス線の透過に関する次の記述のうち，誤っているものはどれか。

(1) エックス線が物質を透過する際に，透過する物質の厚さをx[cm]，透過前の強さ（線量率）をI_0，透過後の強さをIとすると，減弱係数をμ [cm^{-1}] として，次のような式が成り立つ。
$$I = I_0 \exp(-\mu x) = I_0 e^{-\mu x}$$
(2) 減弱係数は，線減弱係数あるいは線吸収係数などともいわれる。
(3) エックス線の強さが半分になる厚さを半価層，エックス線の強さが半分になったところからさらにその半分になる位置を第二半価層という。
(4) エックス線の強さが$1/m$になる厚さを$1/m$価層という。
(5) 物質の密度がρ [g・cm^{-3}] であるとき，次の量を質量減弱係数といい，これは物質によらない定数である。
$$\mu_m = \mu/\rho \ [\text{g}^{-1} \cdot \text{cm}^2]$$

【問題6】
エックス線の透過における半価層$x_{1/2}$と$1/n$価層$x_{1/n}$の関係として，正しいものはどれか。

(1) $\dfrac{x_{1/n}}{\log(n)} = \dfrac{x_{1/2}}{\log(2)}$

(2) $\dfrac{x_{1/n}}{\exp(n)} = \dfrac{x_{1/2}}{\exp(2)}$

(3) $\dfrac{x_{1/n}}{\ln(n)} = \dfrac{x_{1/2}}{\ln(2)}$

(4) $\dfrac{x_{1/n}}{n} = \dfrac{x_{1/2}}{2}$

(5) $\dfrac{x_{1/n}}{\sin(n)} = \dfrac{x_{1/2}}{\sin(2)}$

1. エックス線の管理

【問題7】

携帯式エックス線装置に関する次の文中の下線部(1)〜(5)のうち，誤っているものはどれか。

工業用の携帯式（一体型）エックス線装置は，JISにその規定があるように，(1)高電圧ケーブルを使用せず，エックス線管および(2)低電圧発生部を含む(3)エックス線発生器や(4)制御器からなっており，これらを(5)低電圧ケーブルで接続する形となっている。

【問題8】

実効焦点に関する次の文中の下線部(1)〜(5)のうち，正しいものはどれか。

実効焦点の大きさは，エックス線管の管電圧を高くすると(1)小さくなる。定格管電圧の高いエックス線管ほど実効焦点の大きさも(2)小さいのが一般的で，通常は径として(3)1〜4mm程度あるいはそれ以下である。
複焦点のうち，大焦点は(4)像の鮮鋭度を優先する場合に，小焦点は(5)透過力を優先する場合に用いられる。

【問題9】

エックス線装置において，エックス線が照射される金属板に当たった際の散乱線に関する次の記述のうち，正しいものはどれか。

(1) エックス線は，そのエネルギーが高くなるにつれて，前方より後方に散乱されやすい。
(2) 前方散乱線の空気カーマ率は，散乱角が大きくなるにつれて，増加する。
(3) 照射される鋼板の厚さが大きくなるほど，前方散乱線の空気カーマ

第1回 模擬テスト

率は減少する。
(4) 後方散乱線の空気カーマ率は，散乱角が大きくなるにつれて，減少する。
(5) 前方散乱線においても後方散乱線においても，その空気カーマ率は，管電圧が増加すると減少する。

【問題10】

エックス線管の焦点から2mの位置において1cm線量当量率が30mSv/hであるエックス線装置により，細い線束としたビームで厚さ5mmの鋼板に照射したところ，透過したエックス線の1cm線量当量率がエックス線管の焦点から2mの位置において0.6mSv/hとなった。

同じ照射条件で，厚さ15mmの鋼板に照射するとき，エックス線管の焦点から2mの位置における透過後の1cm線量当量率に最も近い値は次のうちどれか。ただし，鋼板を透過したエックス線の実効エネルギーは，透過前と変わらないものとし，散乱線による影響もないものとする。

(1) 0.32μSv/h
(2) 0.36μSv/h
(3) 0.40μSv/h
(4) 0.44μSv/h
(5) 0.48μSv/h

2. 関係法令

2. 関係法令

【問題11】
図は放射線関係分野における法律の体系をまとめたものである。図中の(1)～(5)のうち，不適切なものはどれか。

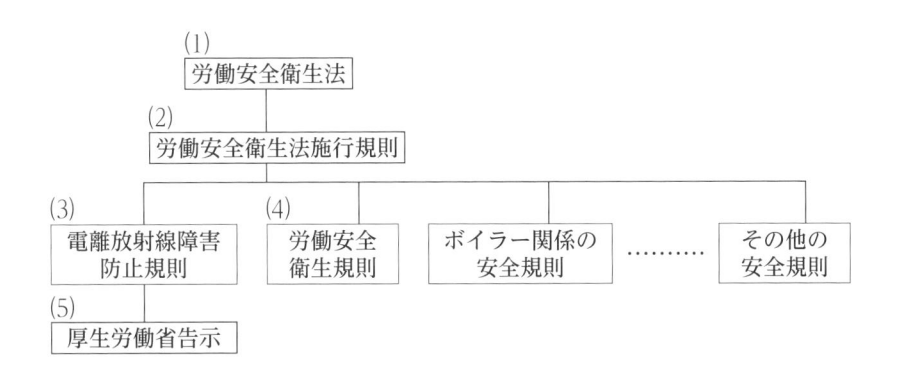

```
(1) 労働安全衛生法
    │
(2) 労働安全衛生法施行規則
    │
    ├──(3) 電離放射線障害防止規則
    │       │
    │      (5) 厚生労働省告示
    │
    ├──(4) 労働安全衛生規則
    │
    ├── ボイラー関係の安全規則
    │
    └── その他の安全規則
```

【問題12】
次の文は電離放射線障害防止規則第1条の条文である。（　　）の中に入る語句として正しいものはどれか。

　事業者は，労働者が（　　）を受けることをできるだけ少なくするように努めなければならない。

(1) エックス線
(2) 電離放射線
(3) アルファ線
(4) ベータ線
(5) ガンマ線

第1回 模擬テスト

【問題13】
放射線業務従事者の被ばく限度について，作業区分と線量限度区分の組合せとして，誤っているものは次のうちどれか。

(1) 作業全般……………………実効線量限度
(2) 眼の水晶体…………………等価線量限度
(3) 皮膚…………………………等価線量限度
(4) 腹部表面……………………実効線量限度
(5) 内部被ばく…………………実効線量限度

【問題14】
次の文中の下線部(1)〜(5)のうち，誤っているものはどれか。

事業者は，１日における外部被ばくによる線量が(1)1cm線量当量について(2)1mSvを超えるおそれのある労働者については，外部被ばくによる線量の測定の結果を毎日確認しなければならない。
また，事業者は，測定または計算の結果に基づき，放射線業務従事者の線量を，遅滞なく，(3)厚生労働大臣が定める方法により算定し，これを記録し，これを(4)30年間保存しなければならない。ただし，当該記録を(5)10年間保存した後において，(3)厚生労働大臣が指定する機関に引き渡すときは，この限りでない。

【問題15】
放射線装置に関する次の文中の下線部(1)〜(5)のうち，誤っているものはどれか。

放射線装置を設置する専用室を(1)放射線装置室という。放射線装置のための専用の室を設けなくてもよい場合は，次のとおりである。

2. 関係法令

- その外側における外部放射線による(2)70μm線量当量率が(3)20μSv/hを超えないように(4)遮へいされた構造の放射線装置を設置する場合
- 放射線装置を随時(5)移動させて使用しなければならない場合
- その他放射線装置を(1)放射線装置室内に設置することが，著しく使用の目的を妨げ，もしくは作業の性質上困難である場合

【問題16】

図は照射野と受像面の関係を示したものである。図中の下線部(1)～(5)のうち，誤っているものはどれか。

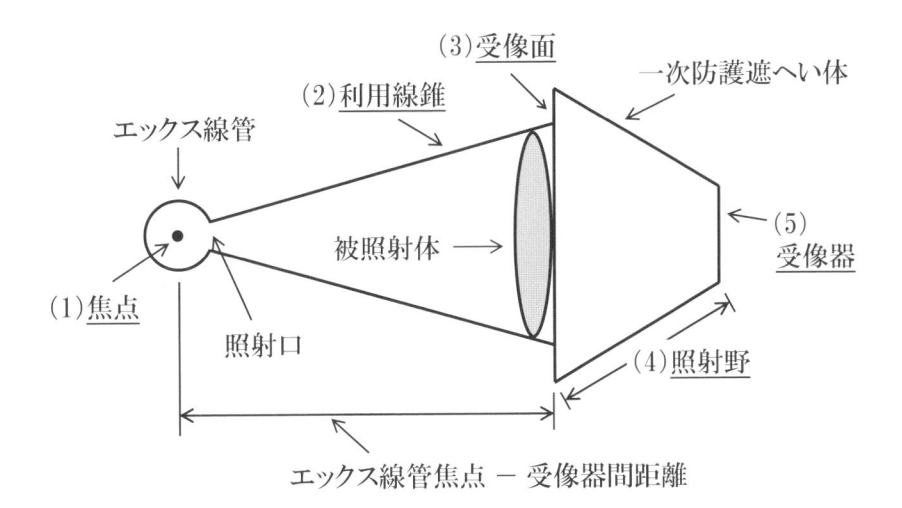

図中のラベル：
- (1)焦点
- (2)利用線錐
- (3)受像面
- (4)照射野
- (5)受像器
- エックス線管
- 照射口
- 被照射体
- 一次防護遮へい体
- エックス線管焦点－受像器間距離

【問題17】

エックス線作業主任者の選任および免許に関する次の記述のうち，正しいものはどれか。

第1回 模擬テスト

(1) エックス線作業主任者を選任したときには，作業主任者の氏名およびその者に行わせる事項について，作業場の見やすい位置に掲示するなどして，関係労働者に周知させる必要がある。
(2) エックス線作業主任者には，第1種および第2種の2区分がある。
(3) エックス線作業主任者は管理区域ごとに1人選任する必要があるので，三交代の部署でも管理区域につき1人の選任でよい。
(4) 空港等でのハイジャック防止用手荷物検査装置においても，エックス線作業主任者の選任が必要である。
(5) エックス線作業主任者免許は，有効期限が5ヶ年となっているため，5年ごとに更新する必要がある。

【問題18】
エックス線作業主任者の業務に関する次の記述のうち，誤っているものはどれか。

(1) エックス線作業主任者は，放射線測定器が，最も放射線にさらされるおそれのある箇所につけられているかどうかを点検して，措置しなければならない。
(2) エックス線作業主任者は，照射開始前および照射中，立入禁止区域に労働者が立ち入っていないことを確認しなければならない。
(3) 波高値による定格管電圧が100kV以上のエックス線装置および医療用のエックス線装置は，エックス線作業主任者の担当範囲から除かれる。
(4) エックス線作業主任者は，管理区域や立入禁止区域の標識が適正に設けられているかどうか点検して，規定に適合するように措置しなければならない。
(5) エックス線作業主任者は，放射線業務従事者の受ける線量ができるだけ少なくなるように照射条件等を調整しなければならない。

2. 関係法令

【問題19】

電離放射線に係る健康診断結果に関する次の記述のうち，正しいものはどれか。

(1) 電離放射線健康診断において異常の所見があると診断された労働者について，6ヶ月以内に医師の意見を聞かなければならない。
(2) 電離放射線に関する定期健康診断において医師が必要でないと認める場合には，「被ばく歴の有無の調査およびその評価」を除く他の検査項目の全部または一部について省略することが可能である。
(3) 管理区域に一時的に立ち入るが放射線業務に従事していない労働者についても，定期的な健康診断が必要である。
(4) 放射線業務に常時従事する労働者で管理区域に立ち入る作業者は，1年以内ごとに1回，定期的に健康診断を受ける必要がある。
(5) 電離放射線に係る健康診断結果の報告書は，所轄都道府県労働局長に提出する。

【問題20】

法律で定められたエックス線作業主任者の職務として，不適切なものは次のうちどれか。

(1) 管理区域や立入禁止区域の標識が適正であるかの点検
(2) 照射筒，しぼりまたはろ過板が，適切に使用されているかどうかの点検
(3) 照射開始前および照射中，立入禁止区域に人が立ち入っていないことを確認すること
(4) 放射線業務従事者の受ける線量ができるだけ少なくなるように調整すること
(5) 管理区域の整理整頓をすること

第1回 模擬テスト

3. エックス線の測定

【問題21】

　放射線が気体分子に与えるエネルギーをA，気体分子1個を電離するために必要なエネルギーをB，放射線の電離作用によって作られるイオン対の数をCとするとき，これらの間に成り立つ関係式として適切なものは，次のうちどれか。

(1)　$A = BC$
(2)　$B = AC$
(3)　$C = AB$
(4)　$A = B^2 C$
(5)　$B = A^2 C$

【問題22】

　エックス線測定に関する次の文中の下線部(1)～(5)のうち，誤っているものはどれか。

　1cm線量当量や70μm線量当量などの測定は必ずしも容易ではないので，エックス線やガンマ線については，自由空間での測定場所における空気カーマ［Gy］，すなわち，空気の(1)吸収線量を測定し，これに1cmおよび70μm線量当量に対応する変換係数(2) $f(10)$ と(3) $f(0.7)$ ［Sv・Gy^{-1}］を掛けてそれぞれの線量当量を算出している。
　空気カーマは，(4)放射線サーベイメータと(5)個人線量計から求められ，作業場所の線量評価では，その場所にかかわる変換係数が用いられる。
　この係数は，エックス線のエネルギー分布に依存するが，実際には1cm線量当量（率）などに対する検出器のエネルギー依存性が広いエ

3. エックス線の測定

ネルギー範囲において一定となるように工夫された機器を用いて求められている。

【問題23】
化学作用に関する次の記述のうち，正しいものはどれか。

(1) 酸化反応と還元反応とは，ちょうど正反対の反応をいう。酸化反応とは酸素を与える反応のことであるが，水素を与える反応や，電子を与える反応も広い意味では酸化反応に当たると考えられている。
(2) 鉄線量計は，フリッケ線量計ともいわれ，硫酸第一鉄の鉄イオンが還元される反応を利用したものである。
(3) 鉄線量計では，塩酸第一鉄の水溶液が最も多く用いられる。
(4) セリウム線量計は，セリウムイオンCe^{4+}が還元されてCe^{3+}になる反応を利用している。
(5) セリウム線量計では，酢酸セリウムの水溶液がよく用いられる。

【問題24】
写真作用に関する次の文中の下線部(1)〜(5)のうち，誤っているものはどれか。

写真を感光させる作用を写真作用，あるいは(1)黒化作用という。
写真(2)乳剤が塗られたフィルムに可視光やエックス線が当たると(2)乳剤中に潜像が形成され，(2)乳剤に含まれる(3)ハロゲン化銀の(4)結晶粒が荷電粒子等の通過によってイオン対となり，励起された電子が(4)結晶粒内に銀イオンを銀原子として集めて現像核（(5)実像）をつくる。
これを現像すると，(1)黒化銀粒子となって，目に見える像が現れ，その被ばく程度に応じて(1)黒化度の異なる像となる。エックス線が起こすこのような作用をエックス線の写真作用という。

第1回 模擬テスト

【問題25】

次のA～Dの電離作用を利用する放射線検出器について，気体増幅によるものの組合せは(1)～(5)のうちどれか。

A　半導体検出器
B　電離箱
C　比例計数管
D　GM計数管

(1)　A，B
(2)　A，C
(3)　B，C
(4)　B，D
(5)　C，D

【問題26】

エックス線測定のための電離箱に関する次の記述のうち，誤っているものはどれか。

(1)　電離箱は構造が簡単であるが，機械的衝撃や温度・湿度の変化の影響を受けやすい。
(2)　電離箱の電極には，平行平板型，球形型，円筒型などの形状がある。
(3)　電離箱は，入射エックス線の一次電離によって生成されたイオン対が再結合することなく，また二次電離を起こすこともなく，電極に集められる領域の印加電圧範囲で用いられる。
(4)　電離箱による測定においては，気体増幅が用いられる。
(5)　散乱エックス線の1cm線量当量率の測定には，電離箱式サーベイメータが適している。

3. エックス線の測定

【問題27】

計数管によるサーベイメータを用いた測定に関する次の文中の□内に入るA～Cの語句の組合せとして，正しいものは(1)～(5)のうちどれか。

計数管の積分回路において，その時定数を　A　すると，指針のゆらぎは　B　なり，指示値の相対標準偏差は　C　なるが，応答速度は大きくなる。

	A	B	C
(1)	大きく	小さく	大きく
(2)	大きく	大きく	大きく
(3)	小さく	小さく	小さく
(4)	小さく	大きく	大きく
(5)	大きく	大きく	小さく

【問題28】

作業者個人の被ばく線量を測定する線量計として個人線量計があるが，その主なものをまとめた次の表中の下線部(1)～(5)のうち，誤っているものはどれか。

	フィルムバッジ	直読式(PD)ポケット線量計	熱ルミネッセンス線量計(TLD)	蛍光ガラス線量計	光刺激ルミネッセンス(OSL)線量計	半導体ポケット線量計
測定可能線量下限(H_{1cm})	100μSv	10μSv	1μSv	10μSv	10μSv	0.01μSv
着用中の自己監視	不可	可	不可	不可	不可	可

第1回 模擬テスト

湿度影響	大	中	中	小	小	中
機械的堅牢さ	(1)<u>小</u>	(2)<u>小</u>	(3)<u>中</u>	(4)<u>中</u>	(5)<u>中</u>	中
ほこりの影響	大	大	－	小	－	－
特記事項	従来広く使用された。測定に日数必要		使用済素子を繰り返し使用できる	繰り返し読み取り可能	繰り返し読み取り可能。可視光アニールでき前処理容易	短期間の被ばく作業の場合に適する

【問題29】

次の直読式ポケット型個人線量計の図中の下線部(1)〜(5)のうち，誤っているものはどれか。

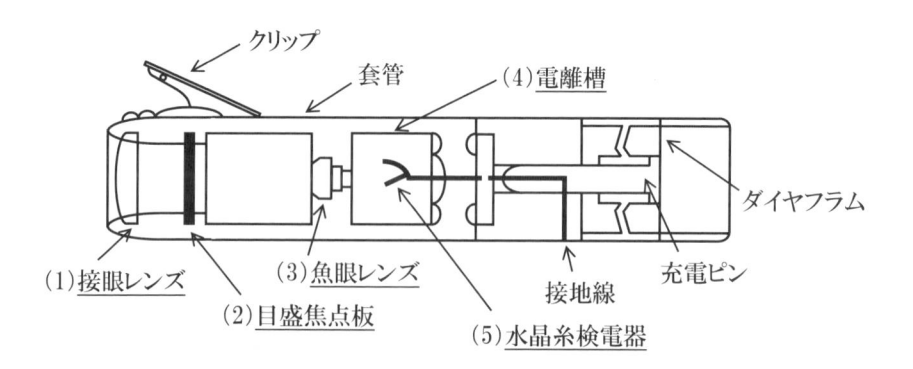

図中ラベル：
- クリップ
- 套管
- (4)<u>電離槽</u>
- ダイヤフラム
- (1)<u>接眼レンズ</u>
- (3)<u>魚眼レンズ</u>
- (2)<u>目盛焦点板</u>
- 接地線
- 充電ピン
- (5)<u>水晶糸検電器</u>

3. エックス線の測定

【問題30】
個人線量計に関する次の記述のうち，誤っているものはどれか。

(1) 半導体式ポケット線量計は，放射線の固体内での電離作用を利用したもので，検出器として高圧電源を必要としないPN接合型シリコン系半導体を用いている。
(2) 光刺激ルミネッセンス線量計では，検出素子として，炭素添加の酸化アルミニウムが用いられている。
(3) PD型ポケット線量計は，線量を読み取るためにチャージリーダを用いる。
(4) PD型ポケット線量計は，充電によって先端がY字型に開いた石英繊維が，放射線の入射により閉じてくることを利用している。
(5) 蛍光ガラス線量計は，湿度の影響を受けない。

第1回 模擬テスト

4. エックス線の生体に与える影響

【問題31】

生物へのエックス線の作用には直接作用と間接作用がある。次の記述のうち，正しいものはどれか。

(1) 放射線の間接作用とは，間接電離放射線が生体高分子に作用して，電離あるいは励起を起こすことによってそれを破壊し，細胞に損傷を与える作用をいう。
(2) エックス線が生体に与える影響を軽減する物質としては，システィンやシステアミンなどのSH化合物が知られている。
(3) 生体中にシスティンなどのSH化合物が存在すると，エックス線が生体に与える影響が軽減されることは，主に直接作用によって説明されている。
(4) SH化合物とは，スカベンジャー・ハイドレート化合物の略である。
(5) 温度が高くなると，一般に放射線の人体への作用は低下する。

【問題32】

次のA～Eの事項について，放射線が生体高分子に与える間接作用の証拠となるもののみの組合せとして，適切なものは(1)～(5)のうちどれか。

A　希釈効果
B　酸素効果
C　保護効果
D　温度効果
E　圧力効果

4. エックス線の生体に与える影響

(1) A, B, D
(2) A, C, D
(3) B, C, D
(4) A, B, C
(5) C, D, E

【問題33】
次のA～Dの事項について，細胞分裂周期の順に正しく並べたものは(1)～(5)のうちどれか。

A G_1期
B G_2期
C S期
D M期

(1) A, B, C, D
(2) A, C, B, D
(3) B, A, C, D
(4) B, C, D, A
(5) C, A, B, D

【問題34】
エックス線の身体的影響に関する次の記述のうち，誤っているものはどれか。

(1) 身体的影響は潜伏期の長さによって，急性影響と晩発性影響に分けられる。
(2) 身体的影響のうち，急性影響では，一定の線量までは影響が現れな

第1回 模擬テスト

いという現象が見られ、その上限線量をしきい線量という。
(3) 急性影響においては、潜伏期の短いものほど、回復は早い。
(4) 生殖腺が被ばくした場合においては、遺伝的影響だけでなく、身体的影響も発生する可能性がある。
(5) 放射線宿酔は、急性の身体的影響に分類される。

【問題35】

次の図は、数Gyのエックス線を被ばくした際における、末梢血液細胞の数の変化を時間に対して表したものである。図中のA～Dに相当する細胞名の組合せとして正しいものは(1)～(5)のうちどれか。

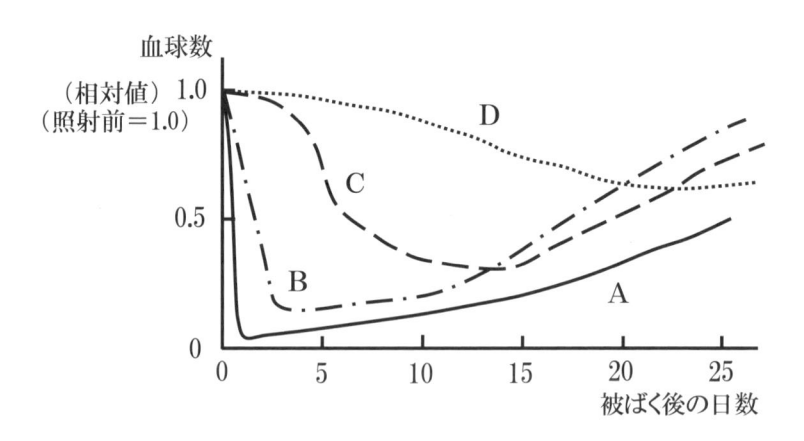

	A	B	C	D
(1)	顆粒球	赤血球	血小板	リンパ球
(2)	顆粒球	血小板	赤血球	リンパ球
(3)	リンパ球	血小板	顆粒球	赤血球
(4)	リンパ球	顆粒球	血小板	赤血球
(5)	リンパ球	赤血球	血小板	顆粒球

4. エックス線の生体に与える影響

【問題36】
生体内の臓器や器官に関する次の記述のうち，誤っているものはどれか。

(1) 細胞再生系においては，細胞のおおもととなる幹細胞があり，これが分裂や分化をしながら幼若細胞を経て成熟細胞となる。
(2) 腸，皮膚，精巣，造血組織などは細胞再生系に分類される。
(3) 絶えず細胞分裂を行っている臓器・組織には，造血器官，生殖腺，皮膚，水晶体，粘膜，汗腺，神経線維などがある。
(4) 造血器官には，骨髄，胸腺，脾臓などが含まれる。
(5) 生殖腺には，卵巣や睾丸が含まれる。

【問題37】
エックス線の被ばくに関する次の文中の下線部(1)～(5)のうち，誤っているものはどれか。

エックス線の被ばくを受けると，それが全身照射の場合であっても部分照射であっても，局所変化の他に全身的な影響が現れることがある。人間の場合には，種々の自覚症状が伴うことが多く，いわゆる飲酒による二日酔の症状に似ていることもあり，(1)宿酔といわれる。

(1)宿酔には，一定の(2)潜伏期が見られるが，その長さは被ばくの線量や部位などによって異なる。この症状は個人差が大きいが，少ない線量としては(3)0.5Gy程度の照射で現れることがある。

自覚症状としては，めまい，頭痛などの一般症状の他に，食欲不振，おう吐，悪心，下痢，(4)腹部膨満感などの胃腸の症状や，不整脈，頻脈，(5)血圧上昇，呼吸亢進などの血管症状，不安，不眠，興奮などの精神症状が現れることもある。

第1回 模擬テスト

【問題38】

　哺乳動物が放射線を浴びた場合，照射線量によって特徴づけられる死の形態がある。次のA～Dに入る語句の組合せとして，正しいものは(1)～(5)のうちどれか。

① 10Gy程度まで　　　　　　　　（　A　）
② 10～100Gy　　　　　　　　　（　B　）
③ 50～100Gy超　　　　　　　　（　C　）
④ 数100Gy以上　　　　　　　　（　D　）

	A	B	C	D
(1)	腸死	骨髄死	分子死	中枢神経死
(2)	腸死	分子死	骨髄死	中枢神経死
(3)	骨髄死	腸死	中枢神経死	分子死
(4)	骨髄死	中枢神経死	腸死	分子死
(5)	骨髄死	腸死	分子死	中枢神経死

4. エックス線の生体に与える影響

【問題39】

第1回

次の図は，精子のできる過程を示したものである。図中のA～Eに相当する細胞の名称の組合せとして，正しいものは(1)～(5)のうちどれか。

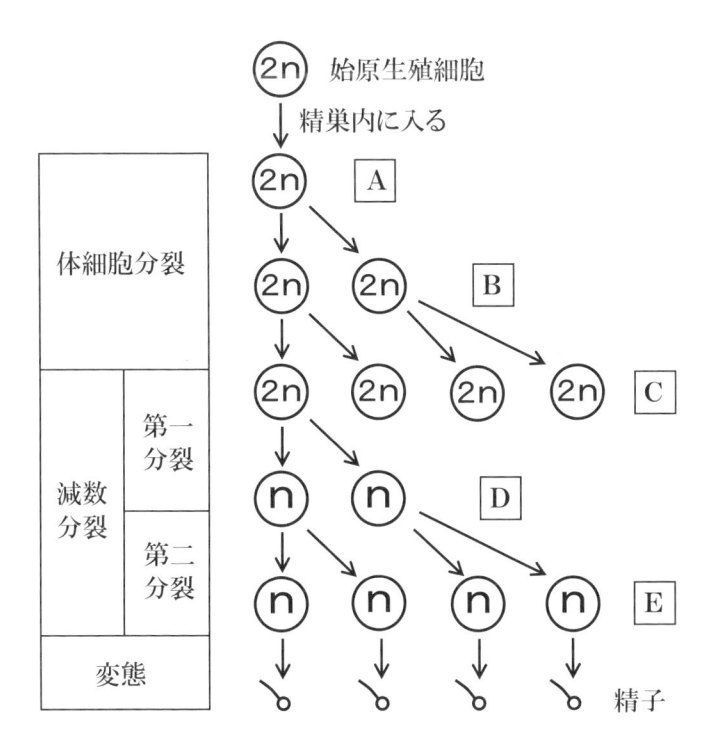

	A	B	C	D	E
(1)	一次精母細胞	二次精母細胞	精原細胞A	精原細胞B	精細胞
(2)	精原細胞A	精原細胞B	一次精母細胞	二次精母細胞	精細胞
(3)	一次精母細胞	二次精母細胞	精細胞	精原細胞A	精原細胞B
(4)	精細胞	精原細胞A	精原細胞B	一次精母細胞	二次精母細胞
(5)	精細胞	一次精母細胞	二次精母細胞	精原細胞A	精原細胞B

第1回 模擬テスト

【問題40】
放射線の影響に関する次の記述のうち，正しいものはどれか。

(1) 確率的影響は，被ばく線量の増加とともに発生率は増加するものの，障害の重篤度は変化しない。
(2) 確定的影響を評価するためには，実効線量が用いられる。
(3) 放射線の等価線量限度は，直線的関係による線量効果に基づいて決定される。
(4) 放射線の実効線量限度は，しきい値のあるS字型曲線関係によって決定される。
(5) 放射線防護の大きな目的の1つとして，確定的影響の発生を完全に防止することがある。

第2回 模擬テスト

試験時間等

時間区分	科目	問題数	試験時間
午前	エックス線の管理に関する知識	10問	2時間
	関係法令	10問	
午後	エックス線の測定に関する知識	10問	2時間
	エックス線の生体に与える影響に関する知識	10問	

- 4科目受験者：午前2時間，午後2時間の計4時間
- 1科目免除者：午前2時間，午後1時間の計3時間
- 2科目免除者：午前2時間のみ

※科目免除の詳細はP.7をご覧ください。電卓は使用可能です。

正解一覧　　P.69
解説と正解　P.115

第2回 模擬テスト

1. エックス線の管理

【問題1】
原子の成り立ちに関する次の記述のうち，誤っているものはどれか。

(1) 電子と陽子の電荷については，それらの絶対値は等しいが，電子は負の電荷，陽子は正の電荷を持つので，符号は反対である。
(2) 中性子と陽子の質量はほぼ等しいが，電子の質量はこれらの質量よりはるかに小さい。
(3) 原子核に近いほうからの軌道の番号をnで表すとき，その軌道に入りうる最大の電子数は，n^2となる。
(4) イオン化していない原子においては，原子核にある陽子の数と，その周りに存在する電子の数は一致し，その数はその原子の質量数に一致する。
(5) 陽子の数が等しく，中性子の数が異なる原子どうしを，同位元素（アイソトープ）という。

【問題2】
速度2.2×10^7 [m/s]で運動している陽子の運動エネルギーに最も近い値は，次のうちどれか。ただし，陽子の質量を1.67×10^{-27} [kg]，$1\mathrm{eV} = 1.60 \times 10^{-19}$ [J]とする。

(1) 1.3MeV
(2) 1.6MeV
(3) 1.9MeV
(4) 2.2MeV
(5) 2.5MeV

1. エックス線の管理

【問題3】

粒子の質量をm,その速度をv,光速をcとするとき,粒子速度が光速に近づく場合,量子力学において見かけの質量m'はm, v, cによってどのように表されるか。正しいものを選べ。

(1) $m' = \dfrac{m}{\sqrt{1+\left(\dfrac{c}{v}\right)^2}}$

(2) $m' = \dfrac{m}{\sqrt{1-\left(\dfrac{c}{v}\right)^2}}$

(3) $m' = \dfrac{m}{\sqrt{1+\left(\dfrac{v}{c}\right)^2}}$

(4) $m' = \dfrac{m}{\sqrt{1-\left(\dfrac{v}{c}\right)^2}}$

(5) $m' = m\sqrt{1-\left(\dfrac{v}{c}\right)^2}$

【問題4】

エックス線やガンマ線に関する次の記述のうち,誤っているものはどれか。

(1) エネルギーとしては,エックス線はおよそ10eVから1MeV程度であり,ガンマ線はおよそ10keVから1GeV程度である。
(2) 波長としては,エックス線はおよそ100nmから10^{-3}nm程度であり,ガンマ線はおよそ10^{-1}nmから10^{-6}nm程度である。
(3) エックス線とガンマ線は,それらのエネルギーの大きさで区分されている。

第2回 模擬テスト

(4) エックス線やガンマ線のエネルギー E [eV] と波長 λ [nm] の間には次の関係式がある。

　　$E\lambda = 1,240$

(5) エックス線については，エネルギーの大きさによって，小さいほうから超軟エックス線，軟エックス線，硬エックス線といわれる区分がある。

【問題5】

連続エックス線に関する次の記述のうち，誤っているものはどれか。

(1) 連続エックス線は，白色エックス線ともいわれる。
(2) 連続エックス線とは，単色エックス線が多く集まったエックス線である。
(3) 連続エックス線が物体を通過するとき，物体の厚みを増やすと，エックス線の実効エネルギーは増加するが，厚みが十分に大きくなるとほぼ一定となる。
(4) 連続エックス線が物体を通過するとき，物体の厚みを増やすと，エックス線の半価層の大きさは減少するが，厚みが十分に大きくなるとほぼ一定となる。
(5) 連続エックス線が物体を通過するとき，物体の厚みを増やすと，エックス線の平均減弱係数は低下するが，厚みが十分に大きくなるとほぼ一定となる。

【問題6】

コンクリートによってあるエックス線を遮へいしたい。このコンクリートの密度を 2.5g/cm^3，このエックス線に対する質量減弱係数を 0.1cm^2/g とするとき，半価層はどの程度か。$\log_e 2 = 0.69$ を用いてよい。

1. エックス線の管理

(1) 1.3cm
(2) 1.8cm
(3) 2.3cm
(4) 2.8cm
(5) 3.3cm

【問題7】
　管電圧や管電流と発生エックス線の関係に関する次の記述のうち，正しいものはどれか。

(1) 管電流が増加すると，エックス線の最短波長は短くなる。
(2) 管電圧が高くなると，エックス線量は増加する。
(3) 管電流が増加すると，エックス線量は減少する。
(4) 管電流を5％減らし，管電圧を5％増やしたときには，エックス線量は減少する。
(5) 管電圧を高くすると，エックス線の最短波長は長くなる。

【問題8】
　エックス線管に関する次の記述のうち，正しいものはどれか。

(1) エックス線管の内部には，一般に不活性ガスが封入されている。
(2) エックス線管のフィラメント端子間の電圧は約100Vである。
(3) フィラメントにおいて発生した熱電子を陽極に向けて加速するために数十kVから数百kVまで印加する。
(4) 陽極におけるターゲット上の，加速された電子の衝突する場所からエックス線が発生するが，この部分を実効焦点という。
(5) 実効焦点の大きさは，管電流や管電圧を変化させても変わらない。

第2回 模擬テスト

【問題9】

屋外における厚手の鋼板検査のために，これに垂直にエックス線を照射し，鋼板を透過したエックス線の線量当量率をエックス線管の焦点から 3m の位置で細い線束として照射したところ，8mSv/h であったという。このエックス線を 12mm の厚さの鋼板で遮へいしたところ 2mSv/h となったとすると，この場所を 0.25mSv/h 以下の線量率とするためには，全体として何 mm の厚さの鋼板で遮へいするべきか。

ただし，鋼板を透過した後のエックス線の実効エネルギーは透過前と変わらないものとし，散乱線等による影響はないものとみなす。

(1) 12mm
(2) 18mm
(3) 24mm
(4) 30mm
(5) 36mm

【問題10】

エックス線を利用する各種の測定装置に関する次の記述のうち，正しいものはどれか。

(1) エックス線厚さ計とは，物体の厚さが増加するにつれて，後方散乱線が減少する性質を利用して試料の厚さを測定する装置である。
(2) エックス線回折装置とは，結晶性の試料を対象として，試料に電子線を照射し，その結果発生する特性エックス線を解析するものである。
(3) 蛍光エックス線分析装置は，試料に蛍光エックス線を照射して生じた連続エックス線を分光して試料の定性と定量を行う装置である。
(4) エックス線マイクロアナライザーとは液体試料を分析するためのもので，試料を真空中に置いて電子線を照射し，試料中に含まれる元素

1. エックス線の管理

から放射される特性エックス線を分光して元素を同定し定量する装置である。

(5) エックス線応力測定装置は，試料にエックス線を照射し，物質中に残っている応力によって結晶格子面の面間隔にひずみが出ている程度を，回折角の変化で測定する装置である。

第2回 模擬テスト

2. 関係法令

【問題11】
　次のA～Eの事項について，管理区域内の労働者が見やすい箇所に掲示しなければならないものの組合せとして，適切なものは(1)～(5)のうちどれか。

A　放射性物質の取扱い上の注意事項
B　事故が発生した場合の応急の措置
C　放射線測定器の装着に関する注意事項
D　電離放射線に関する健康診断書の写し
E　管理区域内で受けた1年間の外部被ばく線量の合計値

(1)　A，B，C
(2)　A，B，D
(3)　B，C，D
(4)　B，C，E
(5)　C，D，E

【問題12】
　放射線業務従事者の被ばく限度に関する次の記述のうち，誤っているものはどれか。

(1)　作業全般における実効線量限度は，男性の場合で，5年間で100mSvかつ1年間で50mSvである。
(2)　皮膚に受ける等価線量限度は，男女ともに500mSv/年となっている。

2. 関係法令

(3) 妊娠と診断された女性が，腹部表面に受ける実効線量限度は，妊娠期間中で2mSvとなっている。
(4) 緊急作業において，皮膚に受ける等価線量限度は，男性の場合で，作業期間中に1Svである。
(5) 緊急作業に従事する間に眼の水晶体に受ける等価線量限度は，男性および妊娠しない女性について，作業期間中に300mSvとなっている。

【問題13】

エックス線装置を放射線装置室以外に設置した際，立入禁止区域を設けることとされている。次のような条件がわかっている場合の立入禁止区域として，適切なものは(1)～(5)のうちどれか。

ただし，太線の同心円はエックス線管の焦点の位置（×）を中心とするもので，Dは直径である。また，細線の楕円は，外部放射線による実効線量が一定の線を示しており，□□で囲まれた数値の線を表している。

(1)

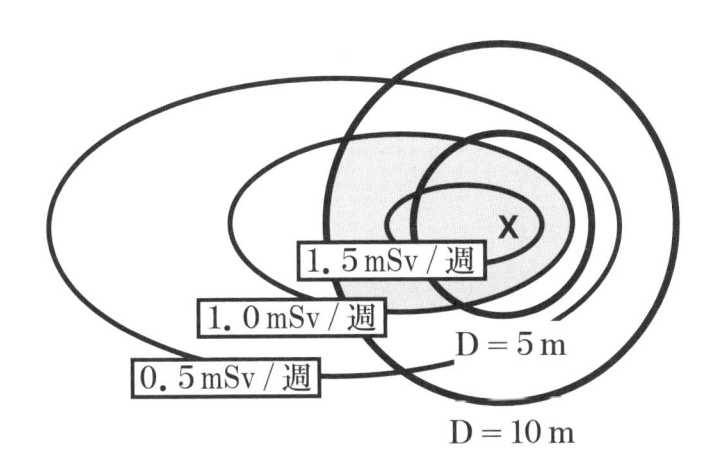

第2回 模擬テスト

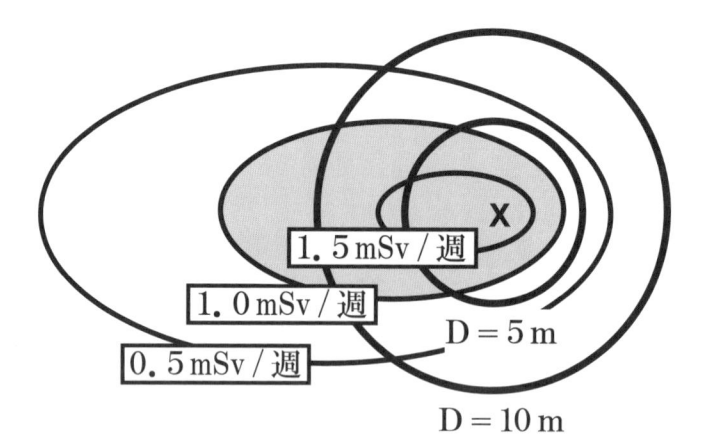

(2)

1.5 mSv/週
1.0 mSv/週
0.5 mSv/週
D = 5 m
D = 10 m

(3)

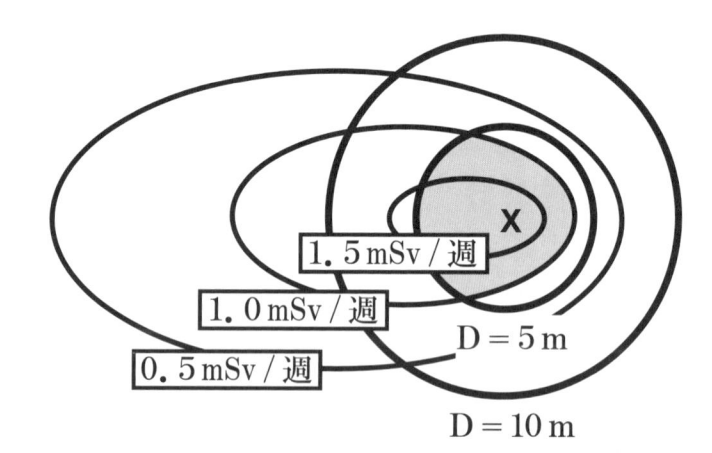

1.5 mSv/週
1.0 mSv/週
0.5 mSv/週
D = 5 m
D = 10 m

2. 関係法令

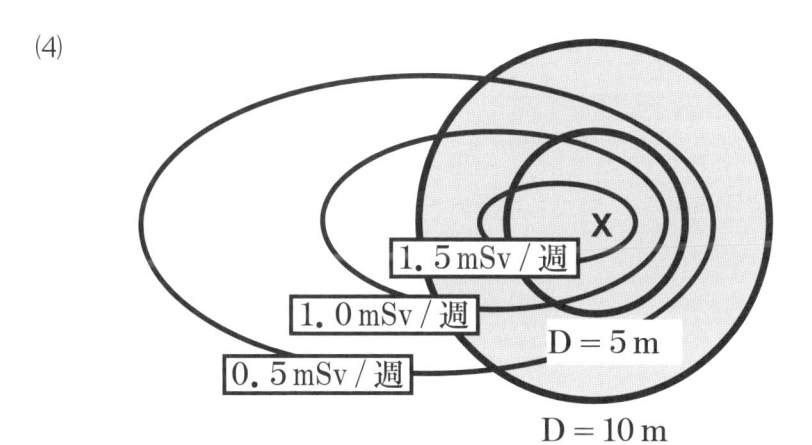

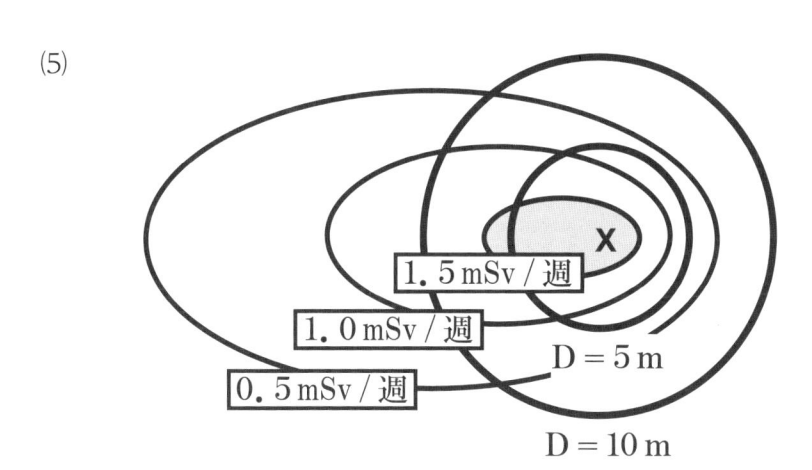

(4)

1.5 mSv／週
1.0 mSv／週
0.5 mSv／週
D = 5 m
D = 10 m

(5)

1.5 mSv／週
1.0 mSv／週
0.5 mSv／週
D = 5 m
D = 10 m

【問題14】

一定の条件にあるエックス線装置においては，その装置に電力が供給されている際に，自動警報装置を用いて警報しなければならないが，その条件に該当するものは(1)～(5)のうちどれか。

第2回 模擬テスト

	定格管電圧	用途	使用箇所
(1)	100kV	医療用	屋外
(2)	100kV	工業用	放射線装置室
(3)	200kV	工業用	放射線装置室以外
(4)	250kV	工業用	放射線装置室以外
(5)	250kV	医療用	放射線装置室

【問題15】

エックス線装置を用いて行う透過写真の撮影業務に従事する場合には，事業者は特別に定められた教育を実施しなければならない。透過写真撮影業務特別教育規程に関する次の表中の下線部(1)～(5)のうち，誤っているものはどれか。

科目	範囲	時間
透過写真の撮影の作業の方法	作業の手順，電離放射線の測定，被ばく防止の方法，事故時の措置	1時間30分以上
エックス線装置の構造および取扱いの方法	エックス線装置の原理，エックス線装置のエックス線管，高電圧発生器および制御器の構造および機能，エックス線装置の操作および点検	(1)30分以上
(2)電離放射線の生体に与える影響	電離放射線の種類および性質，電離放射線が生体の細胞，組織，器官および全身に与える影響	(3)30分以上
(4)関係法令	労働安全衛生法，労働安全衛生法施行令，労働安全衛生規則および電離放射線障害防止規則中の関係条項	(5)1時間以上

2. 関係法令

【問題16】
作業環境測定に関する次の記述のうち，誤っているものはどれか。

(1) 管理区域において作業環境測定を行った場合，官庁に報告することについては規定がない。
(2) 作業環境測定を行うべき作業場は，エックス線装置を使用する業務を行う作業場のうち，管理区域に相当する部分である。
(3) 作業環境測定を行ったときは，測定器の種類，型式，性能も記録しなければならない。
(4) 作業環境測定を行ったときは，測定結果に加えて，測定条件や測定方法も記録しなければならない。
(5) 管理区域における作業環境測定結果の記録は，30年間の保存が義務づけられている。

【問題17】
衛生管理者に選任できる資格として，不適切なものは次のうちどれか。

(1) 医師または歯科医師
(2) 衛生工学衛生管理者免許を受けた者
(3) 建築物環境衛生管理技術者免許を受けた者
(4) 厚生労働大臣の定める者
(5) 労働衛生コンサルタント

【問題18】
産業医の数の規定をまとめた次の表中の下線部(1)〜(5)のうち，誤っているものはどれか。

第2回 模擬テスト

事業場の規模と状態	産業医の数と規定
常時(1)50人以上の労働者	(2)1人以上の産業医選任が必要
常時(3)1,000人以上の労働者	専属の産業医選任が必要
エックス線などの有害業務従事者(4)30人以上	専属の産業医選任が必要
常時3,000人を超える労働者	(5)2人以上の産業医選任が必要

【問題19】

1,000人を超える事業場における安全衛生管理体制をまとめた次の表中の下線部(1)〜(5)のうち,誤っているものはどれか。

名称	事業場規模(常時労働者の数)
総括安全衛生管理者	(1)1,000人を超える場合,すべての業種で選任
衛生管理者	1,001〜2,000人:衛生管理者4人以上が必要(うち1人は専任)
	2,001〜3,000人:衛生管理者5人以上が必要(うち1人は専任)
	3,001人〜:衛生管理者6人以上が必要(うち1人は専任)
	有害業務30人以上を含んで1,000人を超える場合:衛生管理者3人以上必要(うち1人は(2)専属,1人は(3)衛生工学衛生管理者から選任)
産業医	(エックス線などの有害業務従事者(4)500人以上を含む)専属で1人以上選任
	3,001人〜:(5)2人以上の産業医が必要
衛生委員会	設置が必要

2. 関係法令

【問題20】

安全衛生管理体制に関する次の記述のうち，誤っているものはどれか。

(1) 1,000人を超えて2,000人以下の労働者が常時働いている事業場においては，4人以上の衛生管理者を選任する必要があり，かつ，そのうちの1人以上は専任でなければならない。

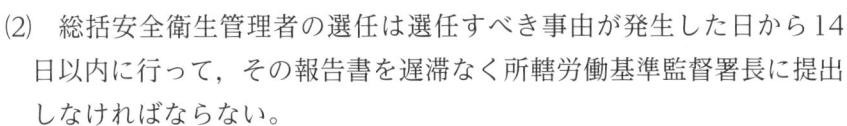

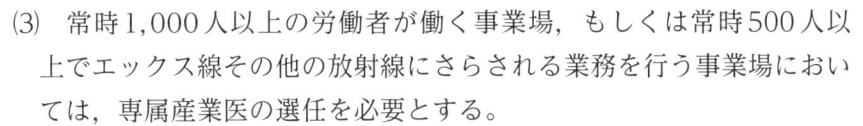

(2) 総括安全衛生管理者の選任は選任すべき事由が発生した日から14日以内に行って，その報告書を遅滞なく所轄労働基準監督署長に提出しなければならない。

(3) 常時1,000人以上の労働者が働く事業場，もしくは常時500人以上でエックス線その他の放射線にさらされる業務を行う事業場においては，専属産業医の選任を必要とする。

(4) 総括安全衛生管理者を選任すべき事業場は，業種区分ごとに最低の労働者人数が異なり，一般の製造業においては，100人以上の場合に総括安全衛生管理者を選任すべきとされている。

(5) 統括安全衛生責任者は，請負事業者と発注元事業者がある場合などの企業集団において，一番上の発注元の事業者に置くべき安全衛生責任者である。

第2回 模擬テスト

3. エックス線の測定

【問題21】

放射線関係の物理量の単位をSI基本単位で表したものとして、誤っているものは(1)～(5)のうちどれか。

	物理量の種類	固有名称	記号	SI単位表示
(1)	エネルギー，仕事	ジュール	J	$m^2 \cdot kg \cdot s^{-2}$
(2)	効率，放射束	ワット	W	$m^2 \cdot kg \cdot s^{-3}$
(3)	放射能	ベクレル	Bq	$kg \cdot s^{-1}$
(4)	吸収線量	グレイ	Gy	$m^2 \cdot s^{-2}$
(5)	線量当量	シーベルト	Sv	$m^2 \cdot s^{-2}$

【問題22】

放射線に関連する量とその単位に関する次の記述のうち、誤っているものはどれか。

(1) 吸収線量の単位としてはGyが用いられるが、1Gyは物質1g中に吸収されるエネルギーが1Jであるときの吸収線量として定義される。

(2) 等価線量は、人体の特定の組織や臓器が受けた吸収線量に、放射線の線質に応じて定められた放射線荷重係数をかけたものであり、その単位はSvである。

(3) 眼の水晶体の等価線量は、放射線の種類やエネルギーの種類に応じて、1cm線量当量か70μm線量当量のうちのいずれか適切なものによって算定される。

(4) 実効線量は、人体のそれぞれの組織が受けた等価線量に、それぞれの組織ごとに相対的な放射線感受性を表す組織荷重係数をかけて、こ

3. エックス線の測定

れらを合計したものとして求められ，その単位はSvである。
(5) 妊娠中の女性の腹部表面の等価線量は，70μm線量当量によって算定される。

【問題23】
放射線などの量に関する単位に関する次の記述のうち，正しいものはどれか。

(1) Gyはエックス線とガンマ線についてのみ用いられる吸収線量の単位である。
(2) 1kgの物質に吸収されたエネルギーが1kJであるときの吸収線量は，1Gyである。
(3) エックス線やガンマ線による空気カーマの単位として用いられるC/kgは，空気に対する電離作用に基づいて定められている。
(4) 照射線量とは，あらゆる種類の放射線の照射によって単位質量の物質中に生じた荷電粒子全体の初期運動エネルギーの和であり，単位はJ/kgである。
(5) eVは，エネルギーの単位であり，放射線の種類に関わらず使用される。

【問題24】
気体の電離を利用するエックス線検出に関する次の記述のうち，誤っているものはどれか。

(1) 毎秒n個のエネルギーE[MeV]の荷電粒子が電離箱に入射して，その全エネルギーを気体分子の電離（あるいは励起）に費やす場合には，電離電流I[A]は，イオンの電荷［C］をQ，イオン1個の電荷（1.6×10^{-19}C）をe，気体のW値をWとして，次の式で求められる。

第2回 模擬テスト

$I = nQ = n \cdot E \cdot e \cdot 10^6 / W$

(2) 電離箱領域よりも印加電圧を高くする領域では，荷電粒子によって生じたイオンの速度が高まり，電極に達するまでの間にガス分子と衝突して新たな電離を生じる。この新たな電離を二次電離という。

(3) 電子なだれなどにより，一次電離イオン対がさらにイオン対を増やす現象を気体増幅，またはガス増幅という。

(4) ガイガー・ミュラー計数管領域では，荷電粒子などが入射しさえすれば，入射量に関係なく放電が起こり，回路には放電回数ごとに一定の強さの放電電流が流れる。

(5) 連続放電領域は，連続的な放射線の測定が可能なので，広く線量計として利用されている。

【問題25】

放射線検出器とそれに関係の深い事項との組合せとして，正しいものは次のうちどれか。

(1) シンチレーション検出器…………窒息現象
(2) 比例計数管……………………プラトー特性
(3) ガイガー・ミュラー計数管…………還元反応
(4) 半導体検出器……………………空乏層
(5) セリウム線量計…………………酸化反応

【問題26】

あるエックス線を対象として，サーベイメータの前面にアルミニウム板を置いて，半価層を測定したところ，10.5mmであった。このエックス線の実効エネルギーに最も近い値は，次のうちどれか。

ただし，エックス線とアルミニウムの質量吸収係数との関係は次の表のとおりとし，log2 = 0.69，アルミニウムの密度は2.7g/cm³とする。

3. エックス線の測定

エックス線の エネルギー (keV)	アルミニウム の質量吸収係 数 (cm²/g)	エックス線の エネルギー (keV)	アルミニウム の質量吸収係 数 (cm²/g)
50	0.38	100	0.14
60	0.30	110	0.12
70	0.24	120	0.11
80	0.20	130	0.10
90	0.17		

(1) 50keV
(2) 70keV
(3) 90keV
(4) 110keV
(5) 130keV

【問題27】

空気1kgにつき2×10⁻⁶[C/h]のエックス線によって，2×10⁻¹²[A]の電離電流を得るには，容積がどれだけの電離箱を用いればよいか。次のうち最も近い値を選べ。

ただし，標準状態の空気の重さを 1.293×10^{-6} [kg/cm³] とする。また，1A = 1C/sである。

(1) 2.4×10^3
(2) 2.6×10^3
(3) 2.8×10^3
(4) 3.0×10^3
(5) 3.2×10^3

第2回 模擬テスト

【問題28】
シンチレーション検出器に関する次の記述のうち，誤っているものはどれか。

(1) エックス線測定用のシンチレータとしては，微量のタンルを含有させて活性化されたよう化ナトリウム結晶などが用いられる。
(2) シンチレーション検出器は，感度が良好で，自然放射線レベルの低線量率の放射線も検出可能なので，エックス線装置の遮へい欠陥などを調べるのにも適している。
(3) シンチレータに密着させてセットされる光電子増倍管によって，光は光電子に変換され増倍されて，最終的に電流パルスとして出力される。
(4) 光電子増倍管の増倍率は，印加電圧に依存するため，光電子増倍管に印加する高電圧は安定化する必要がある。
(5) 得られる出力パルス波高によって，入射する放射線のエネルギーも得られる。

【問題29】
熱ルミネッセンス線量計に関する次の記述のうち，正しいものはどれか。

(1) 熱ルミネッセンス線量計では，フィルムバッジより最低検出線量が大きい。
(2) 吸収線量と発光量の関係を示す曲線を，グロー曲線という。
(3) 熱ルミネッセンス線量計は，被ばく線量を読み取るために素子を加熱するので，線量の読み取りに失敗すると再度読み取ることは不可能である。
(4) 線量の測定範囲は，フィルムバッジより狭く，100μSv～1Sv程

3. エックス線の測定

度となっている。
(5) 熱ルミネッセンス線量計では，素子ごとの感度のばらつきはほとんどない。

【問題30】
フィルムバッジに関する次の記述のうち，正しいものはどれか。

(1) フィルムバッジの測定精度に関しては，方向依存性を考慮する必要はない。
(2) エックス線用フィルムバッジに用いられているフィルタとしては，アルミニウム，鉄，ステンレスなどがある。
(3) フィルムバッジは，入射したエックス線の平均的なエネルギーを推定することが可能である。
(4) フィルムバッジに用いられるフィルタ部分の写真濃度比は，入射エックス線のエネルギーに関わらず，ほぼ一定である。
(5) 測定可能な下限値は，$0.01\mu Sv$ 程度であり，きわめて感度が高いという特徴がある。

第2回 模擬テスト

4. エックス線の生体に与える影響

【問題31】

　放射線によって酵素が不活性化される現象について，横軸に酵素濃度を，縦軸に不活性分子数をとったグラフとして，正しいものは(1)〜(5)のうちどれか。

(1) 不活性分子数 [個数]

直接作用
間接作用
酵素濃度

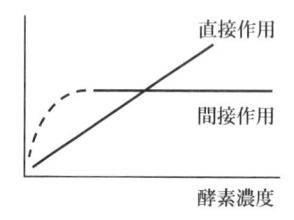

(2) 不活性分子数 [個数]

間接作用
直接作用
酵素濃度

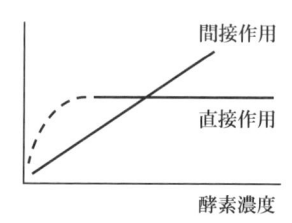

(3) 不活性分子数 [個数]

直接作用
間接作用
酵素濃度

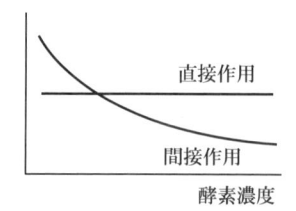

(4) 不活性分子数 [個数]

間接作用
直接作用
酵素濃度

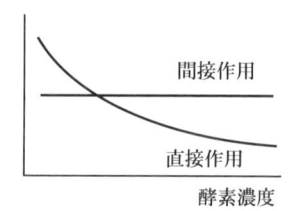

(5) 不活性分子数 [個数]

直接作用
間接作用
酵素濃度

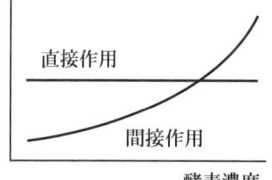

4. エックス線の生体に与える影響

【問題32】

放射線によって引き起こされるDNA損傷に関する次の記述のうち，誤っているものはどれか。

(1) 放射線によってDNAに生じた損傷は，修復されることはない。
(2) DNA損傷の種類としては，糖の損傷，塩基の損傷，鎖の切断，架橋形成などがある。
(3) 放射線によるDNA損傷によって，細胞が死に至り，組織の機能障害を引き起こすことがある。
(4) 放射線によるDNA損傷によって，突然変異が起こり，がんや遺伝的影響を起こす可能性がある。
(5) 放射線によって起こされるDNA損傷による突然変異には，分子レベル異常としての遺伝子突然変異と，顕微鏡レベルでの異常としての染色体異常がある。

【問題33】

細胞の放射線感受性に関する次の記述のうち，正しいものはどれか。

(1) 放射線のエネルギーや吸収線量が高くなるほど，細胞の放射線感受性は高くなる。
(2) 放射線に繰り返し被ばくすると，細胞の放射線感受性は高くなる。
(3) ある組織の細胞の放射線感受性は，その組織の細胞の大きさに関係する。
(4) 成人の細胞と胎児の細胞を比較すると，成人の細胞の放射線感受性のほうが高い。
(5) 細胞の放射線感受性の指標として，平均致死線量が用いられる。

第2回 模擬テスト

【問題34】
　次のA～Cの臓器について，放射線感受性の高いものから順に並べたものは(1)～(5)のうちどれか。

A　骨髄
B　汗腺
C　骨

(1)　A，B，C
(2)　A，C，B
(3)　B，A，C
(4)　B，C，A
(5)　C，B，A

【問題35】
　エックス線の確率的影響に関する次の文中の下線部(1)～(5)のうち，誤っているものはどれか。

　エックス線の生物作用の中には，線量率や照射の間隔を変化させてもその作用の程度に差がないものがあり，このような場合は(1)回復がない現象と考えられている。すなわち，エックス線の照射を受けて障害が発生した生体がもとの状態に戻らない現象を蓄積といっている。
　(1)回復が認められないものとして，(2)遺伝子の突然変異や(3)不妊などがある。その作用には(4)しきい値が存在せず，線量の総和に比例するとされており，言い換えれば，個々の照射の線量は(5)蓄積され，作用は(5)蓄積線量に比例するとみなされる。

4. エックス線の生体に与える影響

【問題36】
成人の正常な臓器や組織の放射線感受性に関する次の記述のうち，誤っているものはどれか。

(1) 生殖腺は，甲状腺よりも放射線感受性が高い。
(2) 皮膚上皮は，神経線維よりも放射線感受性が高い。
(3) 消化管上皮は，血管よりも放射線感受性が高い。
(4) 腎臓は，神経細胞よりも放射線感受性が高い。
(5) 肺は，脾臓よりも放射線感受性が高い。

【問題37】
死亡率と線量に関する図のようなグラフに関する次の記述のうち，誤っているものはどれか。

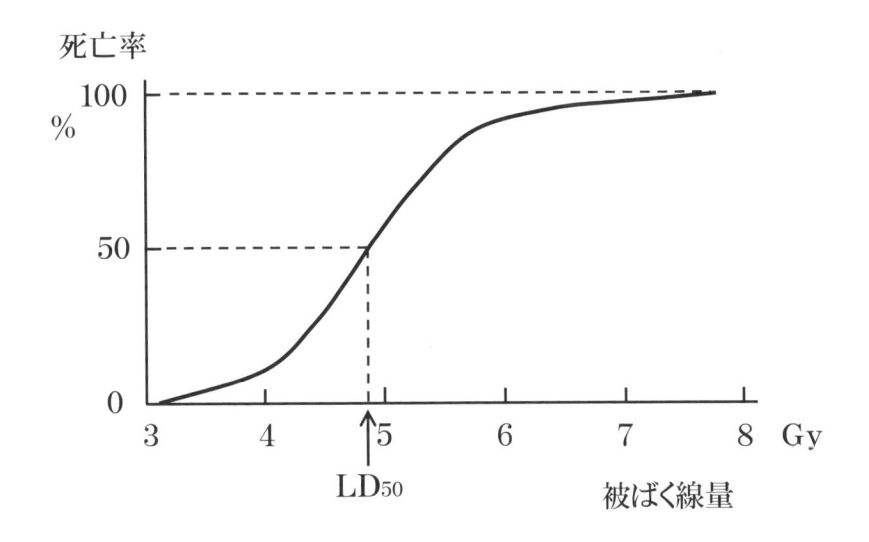

第2回 模擬テスト

(1) 横軸に線量を縦軸に死亡率をとった図のような曲線を線量死亡率曲線という。
(2) 線量死亡率曲線は，線量が0Gyの位置から立ち上がっていないが，これはしきい線量があることを意味している。
(3) 死亡率50%となる線量を半致死線量といい，LD_{50}とも表される。
(4) LD_{100}は，全数が死亡する線量なので，全致死線量といわれる。
(5) マウスやモルモットの$LD_{50/30}$は，およそ0.6～0.7Gyとなっている。

【問題38】
体内被ばくに関する次の記述のうち，誤っているものはどれか。

(1) 体内被ばくは成人の被ばくよりも単位線量当たりのがんの発生確率が高いとされている。
(2) 胎内被ばくによる胎児の奇形の発生は，確定的影響に区分される。
(3) 胎内被ばくを受けて出生した子供にみられる発育不全は，確定的影響に区分される。
(4) 妊娠時の着床前期の被ばくでは，胚の死亡が起こりうるものの，被ばくしても生き残って発育を続けて出生した子供には，被ばくの影響はみられない。
(5) 広島および長崎の原爆による胎内被ばくの結果，多くのがんが発生している。

【問題39】
放射線関係の用語に関する次の記述のうち，誤っているものはどれか。

(1) 細胞の生存曲線において，その細胞集団の半数の細胞を死に至らせる線量をLD_{50}という。

4. エックス線の生体に与える影響

(2) 生物学的効果比はRBEと略され、生物の種類による放射線の効果の違いについて、人間を基準に表したものである。
(3) 酸素増感比（OER）は、生体内に酸素がない場合とある場合とで、同じ効果を引き起こすのに必要な線量の比によって、酸素効果の程度を示したものである。
(4) LETは線エネルギー付与ということであり、これは放射線の飛跡に沿った単位当たりのエネルギー付与であって、放射線の生物学的効果は吸収線量が同じでもLETの大きさによって異なる。
(5) 組織荷重係数 W_T は、R_T をリスク係数、R を全身が均等に被ばくした場合のリスクとして、次のように表される。

$$W_T = \frac{R_T}{R}$$

【問題40】

次の図はマウスの全身に大きな線量のエックス線を、1回照射した後の平均生存日数（縦軸）と線量（横軸）との関係を対数目盛で表したものである。図中のA～Cの領域に関する次の記述のうち、誤っているものはどれか。

第2回 模擬テスト

平均生存日数
日
（対数目盛）

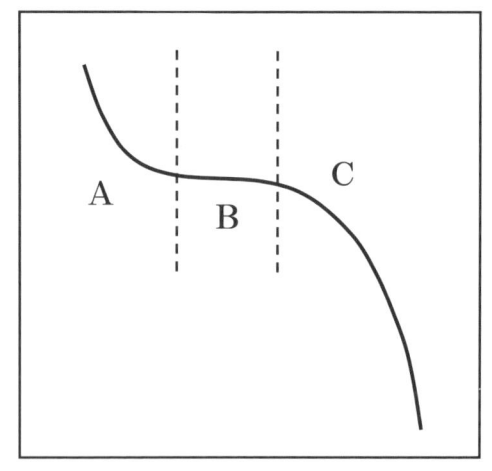

A　B　C

Gy　放射線量
（対数目盛）

(1) Bの領域における平均生存日数はおよそ数日であり，線量に関わらずほぼ一定であるという傾向がある。
(2) Aの領域よりもさらに線量の低い領域では，死に至らずに障害が回復する。
(3) Cの領域における平均生存日数はおよそ1日程度である。
(4) 被ばく線量が数Gyの状態は，Bの領域に存在する。
(5) Aの領域における主な死因は，造血臓器の障害であり，Cの領域のそれは，中枢神経障害である。

模擬テスト
解説と正解

正解一覧

第1回 模擬テスト 正解

1. エックス線の管理

問題1	問題2	問題3	問題4	問題5
(3)	(5)	(5)	(3)	(5)

問題6	問題7	問題8	問題9	問題10
(3)	(2)	(3)	(3)	(5)

2. 関係法令

問題11	問題12	問題13	問題14	問題15
(2)	(2)	(4)	(5)	(2)

問題16	問題17	問題18	問題19	問題20
(4)	(1)	(3)	(2)	(5)

3. エックス線の測定

問題21	問題22	問題23	問題24	問題25
(1)	(3)	(4)	(5)	(5)

問題26	問題27	問題28	問題29	問題30
(4)	(4)	(1)	(3)	(3)

4. エックス線の生体に与える影響

問題31	問題32	問題33	問題34	問題35
(2)	(2)	(2)	(3)	(4)

問題36	問題37	問題38	問題39	問題40
(3)	(5)	(3)	(2)	(5)

第2回 模擬テスト 正解

1. エックス線の管理

問題1	問題2	問題3	問題4	問題5
(4)	(5)	(4)	(3)	(4)

問題6	問題7	問題8	問題9	問題10
(4)	(2)	(3)	(4)	(5)

2. 関係法令

問題11	問題12	問題13	問題14	問題15
(1)	(3)	(1)	(5)	(1)

問題16	問題17	問題18	問題19	問題20
(5)	(3)	(4)	(2)	(4)

3. エックス線の測定

問題21	問題22	問題23	問題24	問題25
(3)	(5)	(5)	(5)	(4)

問題26	問題27	問題28	問題29	問題30
(2)	(3)	(1)	(3)	(3)

4. エックス線の生体に与える影響

問題31	問題32	問題33	問題34	問題35
(1)	(1)	(5)	(1)	(3)

問題36	問題37	問題38	問題39	問題40
(5)	(5)	(5)	(2)	(4)

第1回 模擬テスト 解説と正解

1. エックス線の管理

【問題1】解説

(1) 記述のとおりです。原子は，原子核と電子からできており，さらに原子核は陽子と中性子からできています。

(2) 記述のとおりです。陽子は正の電荷，電子は負の電荷を持ちますが，中性子は電荷を持ちません。

(3) 記述は誤りです。電子軌道は，内側からA殻，B殻，C殻…ではなく，K殻，L殻，M殻…というように名づけられています。命名された当時，将来より内側に見つかるかもしれないということで，A殻から命名することが避けられたとされています。

(4) 記述のとおりです。電子が，より外側の電子軌道から内側の軌道に遷移する際には，一般にその軌道エネルギー差に応じた波長のエックス線が発生します。

(5) 記述のとおりです。電子は，静電的な力であるクーロン力によって，原子核から束縛を受けています。

正解 (3)

【問題2】解説

原子量が12である ^{12}C の原子1molの質量は12gですので，これを原子量の12とアボガドロ数で割ることによって，統一原子質量単位が求まります。

$$1u = 12g \div 12 \div (6.022 \times 10^{23}) = 1.66 \times 10^{-27} kg$$

選択肢を見ると，桁数（10^{-27}の部分）は問題にされていないことがわかります。したがって，$12g \div 12 \div 6.022 = 1 \div 6.022 \fallingdotseq 1 \div 6 \fallingdotseq 0.166$…と計算するだけで正解に至ります。

正解 (5)

1. エックス線の管理

【問題3】解説

(1) エックス線は荷電粒子ではありません。高エネルギーを持ちますが，電磁波の1種です。
(2) 記述は逆になっています。エックス線が原子核の外から発生する電磁波で，ガンマ線が原子核から発生する電磁波として定義されます。
(3) ターゲット原子の原子番号が大きくなるにつれて，特性エックス線の振動数が大きくなり，波長は短くなります。次のようなモーズリーの法則があります。h はプランク定数，ν は特性エックス線の振動数です。

$$\sqrt{h\nu} = k\,(Z - S)$$

(4) 軌道電子がエネルギー準位の高い軌道からエネルギー準位の低い軌道に遷移する際に発生するエックス線は特性エックス線です。
(5) 記述のとおりです。連続エックス線は，連続スペクトルを示すエックス線で，高速度で運動する電子が照射される原子の原子核のそばで急に減速されることによって生じるエックス線で，制動エックス線あるいは白色エックス線などともいわれます。

正解 (5)

【問題4】解説

特性エックス線（蛍光エックス線，固有エックス線，示性エックス線）とは，より内側の電子軌道に電子が飛び移る（遷移）際に発生するエックス線で，その原子に固有の特性（固有の波長）を持ちます。

蛍光とは，外部からのエネルギーが遮断された後で発生する電磁波のことです。

(1) 特性エックス線は制動エックス線の放出以外にも，軌道電子捕獲な

第1回 模擬テスト 解説と正解

どによって発生することがあります。
(2) 特性エックス線は単一エネルギー状態で，そのエネルギー分布は細い線スペクトルとなります。
(3) 記述のとおりです。特性エックス線のエネルギーは，軌道電子間のエネルギー準位の差に相当する余分のエネルギーになります。
(4) 特性エックス線のエネルギーは一般に数keVから数十keV程度です。
(5) 特性エックス線は原子番号の大きい物質から発生しやすいです。

正解　(3)

【問題5】解説

エックス線は物質を透過しますが，透過しながらその強さが減っていきます。その関係は次のような指数関数で表すことができます。

透過する物質の厚さをx [cm]，透過前の強さ（**線量率**）をI_0，透過後の強さをIとすると，**減弱係数（線減弱係数，線吸収係数）**をμ [cm^{-1}] として，

$$I = I_0 \exp(-\mu x) = I_0 e^{-\mu x} \qquad (e は指数関数の底)$$

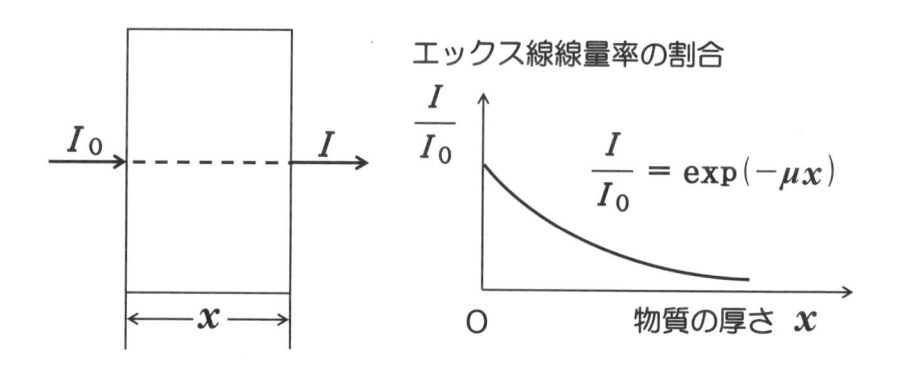

図　エックス線の透過による減弱（減衰）

1. エックス線の管理

　エックス線の強さが半分になる厚さを**半価層**，強さが$1/m$になる厚さを**$1/m$価層**といいます。半価層を$x_{0.5}$とすると，$x = x_{0.5}$のとき，$I_0 = 2I$となるため，$\log_e 2 = 0.693$を使って次のように表されます。これらの式は多くの問題を解くのに重要です。

　$x_{0.5}$を第一半価層，$x_{0.5}$からさらに半分の$x_{0.25}$になるまでの厚さを第二半価層ということがあります。

$$x_{0.5} = -\frac{1}{\mu}\log\frac{1}{2} = \frac{0.693}{\mu}$$

$$\frac{I}{I_0} = 2^{-\frac{x}{x_{0.5}}} = \left(\frac{1}{2}\right)^{\frac{x}{x_{0.5}}}$$

　同様の計算によれば，$1/m$価層について次のようになります。

$$1/m \text{価層} = \frac{\log_e m}{\mu} = \frac{\log_e m}{0.693} \times x_{0.5}$$

$$\frac{I}{I_0} = \left(\frac{1}{m}\right)^{\frac{x}{x_{1/m}}}$$

　$1/10$価層$x_{0.1}$を使えば，線量率を$(1/10)^n$に小さくできる厚さが$n\,x_{0.1}$になります。

　また，物質の密度がρ [g・cm^{-3}]であるとき，次の量を**質量減弱係数**（質量吸収係数）といい，これは物質固有の係数です。

$$\mu_m = \mu/\rho \ [\text{g}^{-1} \cdot \text{cm}^2]$$

これを使うと，

$$I = I_0 \exp(-\mu_m \cdot \rho \cdot x)$$

(1)〜(4)　記述のとおりです。
(5)　質量減弱係数は物質固有の係数です。「物質によらない定数」とい

第1回 模擬テスト 解説と正解

うのは誤りです。

正解 (5)

【問題6】解説

(1)にlogが出てきますが，logには底を10とする常用対数として用いられる場合と，底をe（自然対数の底）とする自然対数として用いられる場合があります。この問題の場合は，(3)にln（自然対数）が出てきていますので，logは常用対数とみられます。

さて，減弱係数をμとすると，$1/n$価層は次のように表されます。

$$1/n価層 = \frac{\log_e n}{\mu}$$

これから次のように表されることがわかります。

$$x_{1/n} = \frac{\log_e n}{\mu} = \frac{\ln(n)}{\mu}$$

$$x_{1/2} = \frac{\log_e 2}{\mu} = \frac{\ln(2)}{\mu}$$

これらよりμを消去すると，次式が得られます。

$$\frac{x_{1/n}}{\ln(n)} = \frac{x_{1/2}}{\ln(2)}$$

正解 (3)

【問題7】解説

エックス線発生装置は，主なパートとして次のものからなっています。

①エックス線発生器
②高電圧発生器
③制御器

1. エックス線の管理

④高電圧・低電圧ケーブル

　これらの構成方式として，一体型（携帯式）と分離型（据置式）があり，図a，bのようになっています。

第1回

解説

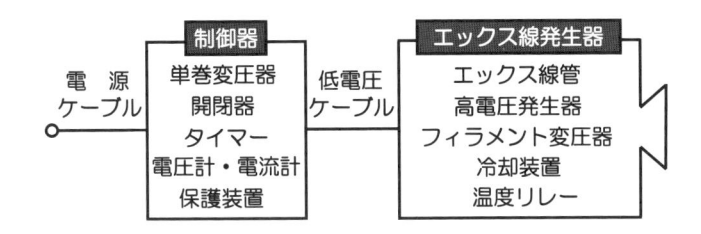

```
電源          制御器           低電圧      エックス線発生器
ケーブル    単巻変圧器        ケーブル    エックス線管
            開閉器                        高電圧発生器
            タイマー                      フィラメント変圧器
            電圧計・電流計                冷却装置
            保護装置                      温度リレー
```

　　　　図a　一体型（携帯式）エックス線装置の構成

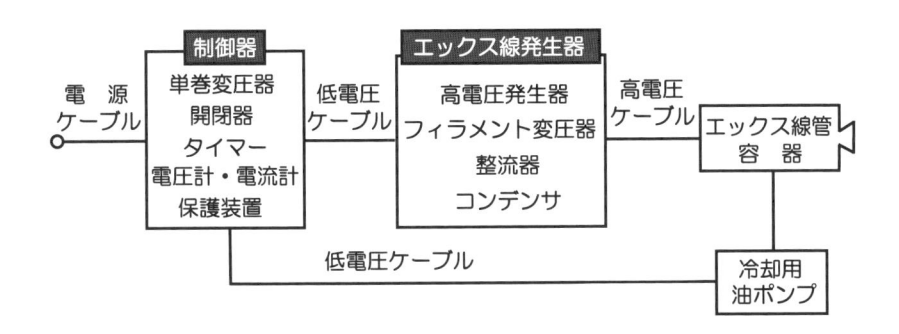

```
電源        制御器         低電圧    エックス線発生器    高電圧     エックス線管
ケーブル   単巻変圧器      ケーブル  高電圧発生器       ケーブル    容器
           開閉器                    フィラメント変圧器
           タイマー                  整流器
           電圧計・電流計            コンデンサ
           保護装置
                        低電圧ケーブル                           冷却用
                                                                 油ポンプ
```

　　　　図b　分離型（据置式）エックス線装置の構成

　文中の(2)は，正しくは高電圧発生部です。その他の部分は正しいです。

第1回 模擬テスト 解説と正解

正しい文章を次に示します。

　工業用の携帯式（一体型）エックス線装置は，JIS にその規定があるように，**高電圧ケーブル**を使用せず，エックス線管および**高電圧発生部**を含む**エックス線発生器**や**制御器**からなっており，これらを**低電圧ケーブル**で接続する形となっている。

正解　(2)

【問題8】解説

　陽極のターゲットにおいてエックス線の発生する部分が，**焦点**あるいは**実焦点**といわれる部分であり，管軸（有効エックス線束中心）に直角な面の線束が**実効焦点**といわれます。

　実効焦点の大きさは，径として一般に **1〜4 mm 程度**です。特別なものでは 1mm 以下のものもあり，0.1〜1mm のものをミニフォーカス，それ以下のものをマイクロフォーカスということがあります。近年では，技術が進歩して数μm のものも出現しているようです。

　実効焦点の大きさは，エックス線管の管電圧を高くすると大きくなります。また，定格管電圧の高いエックス線管ほど実効焦点の大きさも大きいのが一般的です。(1)と(2)は誤りです。
　複数ある焦点のうち，大焦点は**透過力**を優先する場合に，小焦点は**像の鮮鋭度**を優先する場合に用いられます。(4)と(5)は入れ替わっています。
　複焦点は，特殊な焦点を結ぶエックス線管の場合のもので，陰極に大小 2 組のフィラメントを組み込んだものです。
　制御器のスイッチの切り替えによってどちらかのフィラメントを点灯して焦点の大きさを変化させることができ，大焦点は透過力を，小焦点

1. エックス線の管理

は像の鮮鋭度を上げて観測したい場合に用いることになります。

正解 (3)

【問題9】解説

　エックス線装置からは目的の照射エックス線以外にも，漏えいエックス線が生じます。また，エックス線装置からのエックス線ビームを鋼板などに照射すると，図のように透過エックス線の他に，散乱線が生じます。

　エックス線ビームの進行方向からの散乱線のなす角度を散乱角といい，散乱線のうち散乱角が90°未満のものを前方散乱線，90°以上のものを後方散乱線といいます。

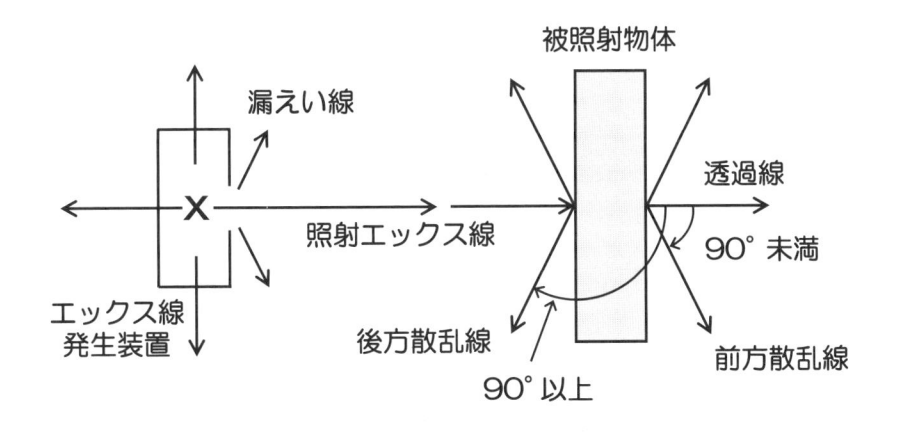

図　漏えい線，前方散乱線および後方散乱線

前方散乱線

　前方散乱線による空気カーマ率の散乱角依存性は次図のようになり，散乱角が大きくなると空気カーマ率は急激に減少します。

第1回 模擬テスト 解説と正解

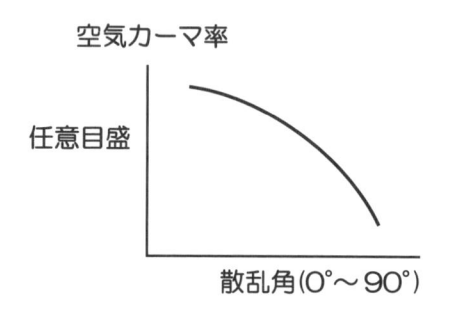

図　空気カーマ率の散乱角依存性

また，その空気カーマ率は，管電圧や散乱物質の厚さにも依存します。管電圧の増加により急激に増大し，散乱物質の厚さの増加によって急激に減少します。

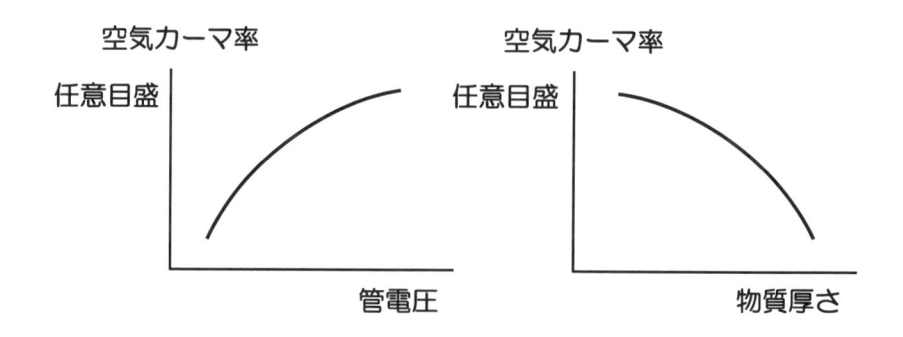

図　空気カーマ率の管電圧および物質厚さ依存性

後方散乱線

　後方散乱線の散乱角依存性は次図のようになり，ほぼ比例して増加し

1. エックス線の管理

ます。

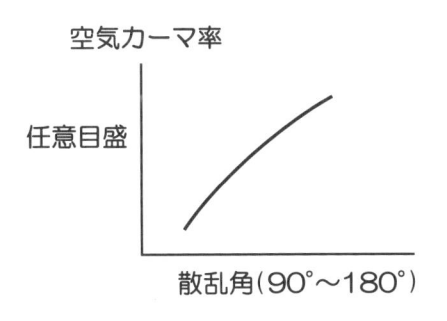

図　空気カーマ率の散乱角依存性

また，その空気カーマ率は，管電圧の増加により急激に増大しますが，散乱物質の厚さの増加による場合には数mm程度まで増加した後は，ほぼ一定となります。

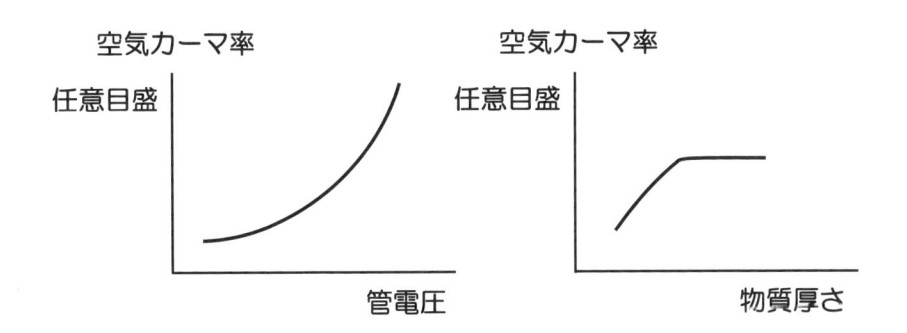

図　空気カーマ率の管電圧および物質厚さ依存性

第1回 模擬テスト 解説と正解

また，物質の種類によっても散乱角依存性の傾向が異なります。その例を図に示します。

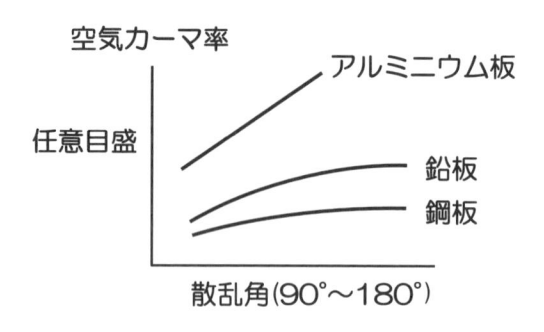

図 散乱体の種類による空気カーマ率の散乱角依存性

(1) エックス線は，そのエネルギーが高くなるにつれて，前方より後方に散乱されやすいとは限りません。
(2) 前方散乱線の空気カーマ率は，散乱角が大きくなるにつれて，減少します。
(3) 記述のとおりです。照射される鋼板の厚さが大きくなるほど，前方散乱線の空気カーマ率は減少します。
(4) 後方散乱線の空気カーマ率は，散乱角が大きくなるにつれて，増加します。
(5) 前方散乱線においても後方散乱線においても，その空気カーマ率は，管電圧が増加すると増加します。

正解 (3)

1. エックス線の管理

【問題10】解説

いま,入射線量率をI_0,物質の中をx [mm]だけ透過した後の線量率をI,その物質固有の線減弱係数をμとすると,次のような関係が成り立ちます。

$I = I_0 \exp(-\mu \cdot x)$

エックス線管の焦点から2mの位置において1cm線量当量率が30mSv/hであることから,この1cm線量当量率が入射線量率のI_0ということになります。

したがって,厚さ5mmの鋼板を透過したエックス線の線量率0.6mSv/hは,次のような関係となります。

0.6mSv/h = 30mSv/h × exp(-μ×5)

これを整理すると,

1 = 50exp(-5μ)
exp(-5μ) = 1/50   …①

また,厚さ15mmの鋼板を透過したエックス線の線量率Iについては,

$I = 60 \times \exp(-\mu \cdot 15)$

となります。これを変形して,

$I = 60 \times \{\exp(-\mu \cdot 5)\}^3$ …②

ここでは,次のような指数の関係を用いています。

$\exp(3x) = e^{3x} = e^{x+x+x} = e^x \times e^x \times e^x = (e^x)^3$

結局,①式を②式に代入して,

$I = 60 \times (1/50)^3$
 = 60 ÷ (125,000)
 = (60 × 8) ÷ (125,000 × 8)
 = 480 × 10^{-6} mSv/h

第1回 模擬テスト 解説と正解

$= 480 \times 10^{-3} \mu Sv/h$

$= 0.48 \mu Sv/h$

なお，②式が得られた後，$60 \times (1/50)^3$ を計算する際，桁数はこの問題では問われていないため，

$60 \times (1/5)^3 = 6 \div 125 = (6 \times 8)/(125 \times 8) = 48/1000$

とすれば短時間で正解に至ります。

正解 (5)

1. エックス線の管理

コラム　カーボン・ニュートラル

　最近，カーボン・ニュートラルという言葉をよく耳にするようになりましたね。

　カーボンは炭素ですが，ここでは二酸化炭素のことです。ニュートラルとは，「中立」という意味で，大気中の二酸化炭素を増やさないということです。

　バイオマスを燃料にする場合，大気中に放出される二酸化炭素は，生物の成長段階で光合成によって取り込まれた二酸化炭素なので，バイオマスを燃焼しても，大気中の二酸化炭素は増加させないとされています。

　したがって，京都議定書で定められた先進各国の温室効果ガス削減目標の検討の中で，排出量としてカウントされないのです。バイオマスはおおいに使うべきなのですね。

第1回 模擬テスト 解説と正解

2. 関係法令

【問題11】解説

　法律には，一般に次の5段階があるとされています。憲法についてみなさんはよくご存じかと思いますが，基本法はその分野の憲法ともいうべきものと考えるとよいでしょう。

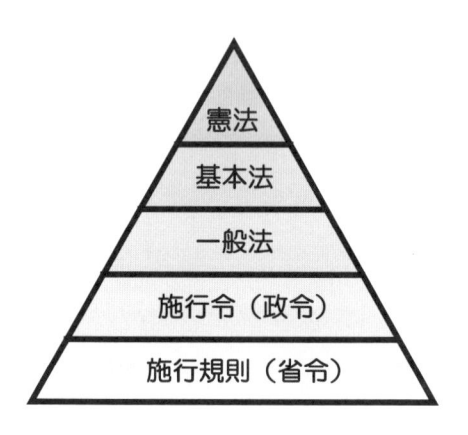

```
        憲法
       基本法
       一般法
     施行令（政令）
    施行規則（省令）
```

　放射線の安全に関する分野において，基本法は定められておりませんので，**労働安全衛生法**が，一般法ではありますが，基本法の性格を帯びていると考えられます。

　一般法の下にその法律の施行令が位置して，さらにその下に施行規則がくるのが通例です。施行規則の下に「告示」というものがある場合もあります。

　したがって，本問では(2)が施行規則になっていることが不適切ですね。ここは施行令がくるべきところです。

　正しい図を次に示します。

2. 関係法令

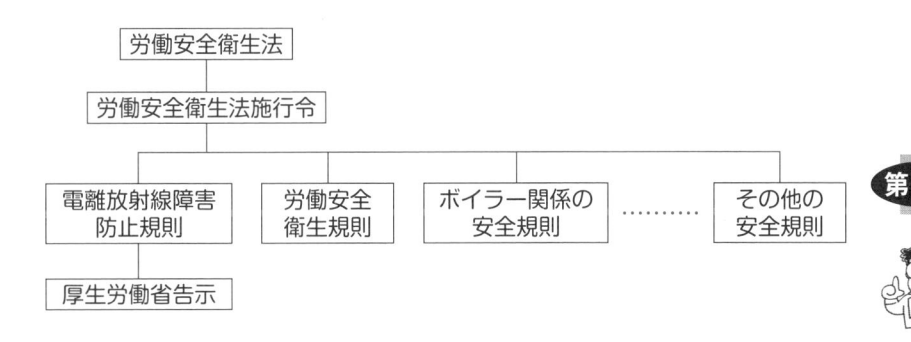

```
労働安全衛生法
  │
労働安全衛生法施行令
  │
  ├─ 電離放射線障害    労働安全    ボイラー関係の   ……    その他の
  │  防止規則          衛生規則    安全規則                安全規則
  │
  └─ 厚生労働省告示
```

図　労働安全衛生法関係の体系

正解　(2)

【問題12】解説

　エックス線作業主任者試験で最も重要な法律（規則）は，電離放射線障害防止規則（電離則）です。また，この試験に限らず，一般に国家試験の法令科目において，第1条（目的，原則）と第2条（用語の定義）が非常に重要で，よく出題されています。

　問題の文は電離則第1条で，この法律の基本姿勢を明示している条文です。エックス線に限らず，その他の放射線も含む規則ですので，(2)の電離放射線が正解となります。

　また，電離則第2条もここで確認しておきましょう。中性子線やガンマ線のように自身が電荷を持たず，イオンになっていないもの（電離していないもの）でも，他のものを電離する能力があるために「電離放射線」に属することになっています。

> 第2条　この省令で「電離放射線」とは，次の粒子線または電磁波をいう。

第1回 模擬テスト 解説と正解

一　アルファ線，重陽子線および陽子線
二　ベータ線および電子線
三　中性子線
四　ガンマ線およびエックス線

電離放射線と電磁放射線は似ている言葉なので注意しましょう。電磁放射線は電磁波，すなわちガンマ線とエックス線のことですね

正解　(2)

【問題13】解説

　放射線業務従事者の被ばく限度の基準を次表に示します。これによると，男性あるいは妊娠しない女性の基準限度は100mSv/5年かつ50mSv/年となっています。この数値は覚えておくとよいでしょう。

表　放射線業務従事者の被ばく限度

作業区分	被ばく対象	線量限度区分	性別	基準限度
一般作業	作業全般	実効線量限度	男性，妊娠しない女性	100mSv/5年かつ50mSv/年
			妊娠可能女性	5mSv/3月

2. 関係法令

	眼の水晶体	等価線量限度	男女とも	150mSv/年
	皮膚			500mSv/年
	腹部表面	等価線量限度	妊娠と診断された女性	2mSv/妊娠中
	内部被ばく	実効線量限度		1mSv/妊娠中
緊急作業	作業全般	実効線量限度	男性, 妊娠しない女性	100mSv/作業中
	眼の水晶体	等価線量限度	男性, 妊娠しない女性	300mSv/作業中
	皮膚	等価線量限度	男性, 妊娠しない女性	1Sv/作業中

眼の水晶体，皮膚，腹部表面といった身体の具体的な部位が等価線量限度となっていることがわかりますね。

正解 (4)

【問題14】 解説

30年間保存した放射線業務従事者の線量記録は，5年間保存した後において厚生労働大臣が指定する機関に引き渡すときは，この限りでないと定められています。(5)の10年間というのは誤りです。

事業者は，1日における外部被ばくによる線量が**1cm線量当量**について**1mSv**を超えるおそれのある労働者については，外部被ばくによる線量の測定の結果を毎日確認しなければならない。

また，事業者は，測定または計算の結果に基づき，放射線業務従事者の線量を，遅滞なく，**厚生労働大臣**が定める方法により算定し，これを記録し，これを**30年間**保存しなければならない。ただし，当該記録を**5年間**保存した後において，**厚生労働大臣**が指定する機関に引き渡すと

第1回 模擬テスト 解説と正解

きは，この限りでない。

正解　(5)

【問題15】解説

(2)は，正しくは「1cm線量当量率」です。放射線装置室についても試験に出やすいので，しっかり確認しておきましょう。

　放射線装置を設置する専用室を**放射線装置室**という。放射線装置のための専用の室を設けなくてもよい場合は，次のとおりである。
- その外側における外部放射線による**1cm線量当量率**が**20μSv/h**を超えないように**遮へいされた構造**の放射線装置を設置する場合
- 放射線装置を随時**移動させて**使用しなければならない場合
- その他放射線装置を**放射線装置室**内に設置することが，著しく使用の目的を妨げ，もしくは作業の性質上困難である場合

正解　(2)

【問題16】解説

(4)の範囲は照射野ではありません。照射野は，照射口から出た利用線錐が広がる部分になければなりません。これが誤りです。正しい図は，次のようになります。

2. 関係法令

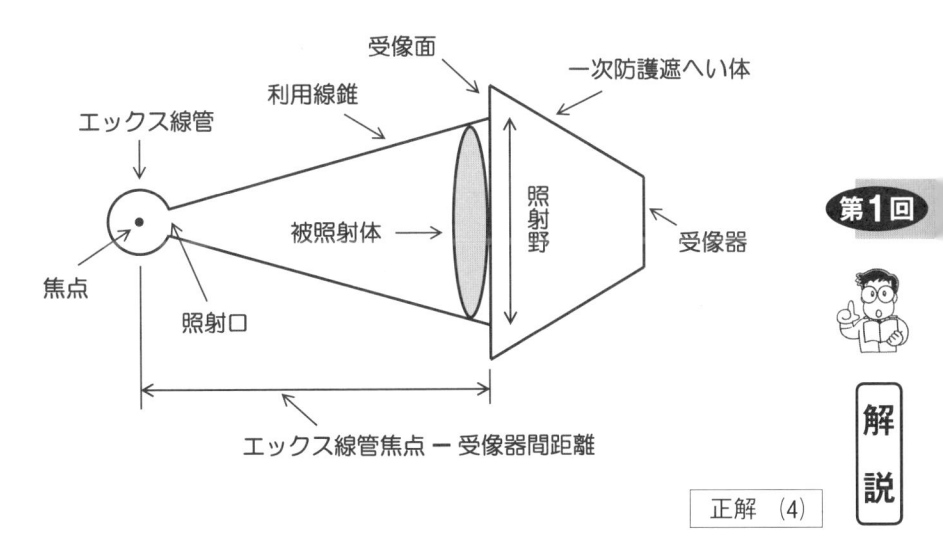

[図: エックス線管、焦点、照射口、被照射体、利用線錐、受像面、照射野、一次防護遮へい体、受像器、エックス線管焦点－受像器間距離]

正解　(4)

【問題17】解説

　法律上の責任者という立場であるエックス線作業主任者には，次のような選任条項があります。

（エックス線作業主任者の選任）
第46条　事業者は，令第6条第5号に掲げる作業については，エックス線作業主任者免許を受けた者のうちから，管理区域ごとに，エックス線作業主任者を選任しなければならない。

　ここでいう令とは，労働安全衛生法施行令のことで，その第6条第5号は次のようになります。
● エックス線装置の使用，またはエックス線の発生を伴う当該装置の検査の業務
● エックス線管もしくはケノトロンのガス抜きまたはエックス線の発生

第1回 模擬テスト 解説と正解

を伴うこれらの検査の業務

(1) 記述のとおりです。
(2) エックス線作業主任者には区分はありません。1つの資格だけがあります。
(3) 三交代の部署では，各直ごとに1人が必要です。4組三交代であれば4人が必要となります。
(4) 遮へいによって，装置の外部が管理区域とならず，また，検査する者の手や指などを内部に入れることなく検査を行いうるものについては，主任者の選任は必要ありません。空港等でのハイジャック防止用手荷物検査装置（エックス線透視）において，エックス線作業主任者の選任は必要ありません。
(5) エックス線作業主任者免許について，有効期限は定められていません。したがって，更新する必要はありません。

エックス線作業主任者免許には有効期限がないのですね

正解 (1)

2. 関係法令

【問題18】解説

(1) 記述のとおりです。エックス線作業主任者は、放射線測定器が、最も放射線にさらされるおそれのある箇所につけられているかどうかを点検して、措置しなければなりません。

(2) 記述のとおりです。エックス線作業主任者は、照射開始前および照射中、立入禁止区域に労働者が立ち入っていないことを確認しなければなりません。

(3) 記述は誤りです。波高値による定格管電圧が、100kV以上ではなく、1,000kV以上のエックス線装置および医療用のエックス線装置が、エックス線作業主任者の担当範囲から除かれます。

(4) 記述のとおりです。エックス線作業主任者は、管理区域や立入禁止区域の標識が適正に設けられているかどうか点検して、規定に適合するように措置しなければなりません。

(5) 記述のとおりです。エックス線作業主任者は、放射線業務従事者の受ける線量ができるだけ少なくなるように照射条件等を調整しなければなりません。

エックス線作業主任者の職務について整理すると、次のようになります。

● 第3条第1項（管理区域）または第18条第4項（立入禁止区域）の標識が適正に設けられているかどうか点検して、規定に適合するように措置する。
● 照射筒、しぼりまたはろ過板が、適切に使用されているかどうか点検して措置する。
● 第12条（間接撮影）、第13条（透視）、第18条の2（放射線装置室以外の場所での使用）について適正かどうかを点検して、措置する。
● 放射線業務従事者の受ける線量ができるだけ少なくなるように照射条件等を調整する。

第1回 模擬テスト 解説と正解

- 第17条第1項（自動警報装置）の措置がその規定に適合して講じられているかどうかを点検して，措置する。
- 照射開始前および照射中，第18条第1項の場所（立入禁止区域）に労働者が立ち入っていないことを確認する。
- 放射線測定器が，最も放射線にさらされるおそれのある箇所につけられているかどうかを点検して，措置する。

正解　(3)

【問題19】解説

(1) 記述は誤りです。電離放射線健康診断において異常の所見があると診断された労働者について，3ヶ月以内に医師の意見を聞かなければなりません。

(2) 記述のとおりです。ここで，電離則第56条第1項の規定を掲げます。

（健康診断）

第56条　事業者は，放射線業務に常時従事する労働者で管理区域に立ち入るものに対し，雇入れまたは当該業務に配置替えの際およびその後6月以内ごとに1回，定期に，次の項目について医師による健康診断を行わなければならない。

一　被ばく歴の有無(被ばく歴を有する者については,作業の場所,内容および期間，放射線障害の有無，自覚症状の有無その他放射線による被ばくに関する事項)の調査およびその評価

二　白血球数および白血球百分率の検査

三　赤血球数の検査および血色素量またはヘマトクリット値の検査

四　白内障に関する眼の検査

五　皮膚の検査

2. 関係法令

(3) 記述は誤りです。管理区域に一時的に立ち入るが放射線業務に従事していない労働者については、定期的な健康診断は必要とされていません。

(4) 「1年以内ごと」は誤りです。放射線業務に常時従事する労働者で管理区域に立ち入る作業者は、6ヶ月以内ごとに1回、定期的に健康診断を受ける必要があります。

(5) 記述は誤りです。電離放射線健康診断結果報告書は、都道府県労働局長ではなく、所轄労働基準監督署長に提出します。

正解 (2)

【問題20】解説

整理整頓をしてはいけないということではありませんが、法律で定められたエックス線作業主任者の職務にはなっていません。

エックス線作業主任者の職務については、問題18解説でまとめていますので、参照してください。

正解 (5)

第1回 模擬テスト 解説と正解

コラム ヒトはいつ頃から衣服を着るようになったのか

　みなさんは、ヒトが衣服を着るようになったのはいつ頃だと思いますか？

　最近ではあまり見かけませんが、ヒトに寄生するシラミという生き物がいます。ヒトの全身が毛で覆(おお)われていた時代に、シラミは当然のことながらヒトの身体中に棲んでいたようですが、ヒトが体毛を失った後はわずかに頭の毛の中に追われて棲んでいたようです。

　その後、ヒトが衣服を着るようになると、衣服の中で生きていくシラミに進化して、結局、アタマジラミとヒトジラミ（コロモジラミ）に分かれたようです。したがって、これらが種としていつ頃分かれたのかを遺伝子的に調べると、数千年の誤差を含んで約72,000年前なのだそうです。

　つまり、その少し前からヒトは衣服を着始めたのだそうです。もちろん、いまのような立派な衣服ではなく、おそらく毛皮の類であったとは思いますが。

3. エックス線の測定

3. エックス線の測定

【問題21】 解説

それぞれに単位をつけて考えましょう。放射線が気体分子に与えるエネルギーをA，気体分子1個を電離するために必要なエネルギーをB，放射線の電離作用によって作られるイオン対の数をCとするというので，気体分子1個からイオン対が1組生成すると考えて，それぞれの単位を次のように考えます。

A [eV]　　　B [eV/イオン対]　　　C [イオン対]

これらの単位を確認することで，次のような掛け算をすればよいことがわかります。

A [eV] ＝ B [eV/イオン対] × C [イオン対]

つまり，(1)が正解となります。

正解　(1)

【問題22】 解説

(3)の$f(0.7)$はおかしいですね。1cm線量当量が10とされるなら，単位はmmとなりますので，70μm線量当量の場合には0.07にならなければ話が一貫しませんね。1cm＝10mm，1mm＝1,000μm，1μm＝0.001mmです。

1cm線量当量や70μm線量当量などの測定は必ずしも容易ではないので，エックス線やガンマ線については，自由空間での測定場所における空気カーマ [Gy]，すなわち，空気の**吸収線量**を測定し，これに1cmおよび70μm線量当量に対応する変換係数$f(10)$と$f(0.07)$ [Sv·Gy^{-1}] を掛けてそれぞれの線量当量を算出している。

第1回 模擬テスト 解説と正解

空気カーマは，**放射線サーベイメータ**と**個人線量計**から求められ，作業場所の線量評価では，その場所にかかわる変換係数が用いられる。

この係数は，エックス線のエネルギー分布に依存するが，実際には1cm線量当量（率）などに対する検出器のエネルギー依存性が広いエネルギー範囲において一定となるように工夫された機器を用いて求められている。

正解　(3)

【問題23】解説

(1) 酸化反応と還元反応とは，ちょうど正反対の反応であるというのは正しいです。ただし，酸化反応とは酸素を与える反応のことですが，水素や電子についてはその逆で，水素を奪う反応や電子を奪う反応が酸化反応と考えられています。

(2) 鉄線量計は，フリッケ線量計ともいわれますが，硫酸第一鉄の鉄イオンが，還元ではなく酸化される反応を利用したものです。

(3) 鉄線量計では，塩酸第一鉄ではなく，硫酸第一鉄（$FeSO_4$）が最も多く用いられます。

(4) 記述のとおりです。セリウム線量計は，セリウムイオンCe^{4+}が還元されてCe^{3+}になる反応を利用しています。

(5) セリウム線量計でよく用いられる水溶液は，硫酸セリウム$Ce(SO_4)_2$の水溶液です。

正解　(4)

3. エックス線の測定

> もともとは酸素を与える反応を名前のとおり酸化と呼んでいましたがいろいろ調べていくうちに水素を奪う反応や電子を奪う反応も酸化反応の仲間であることがわかってきたのですよ

【問題24】解説

　現像核は，まだ像になっていない段階ですので，実像ではなく潜像といいます。

　写真を感光させる作用を写真作用，あるいは**黒化**作用という。
　写真**乳剤**が塗られたフィルムに可視光やエックス線が当たると乳剤中に潜像が形成され，**乳剤**に含まれる**ハロゲン化銀**の**結晶粒**が荷電粒子等の通過によってイオン対となり，励起された電子が**結晶粒**内に銀イオンを銀原子として集めて現像核（**潜像**）をつくる。
　これを現像すると，**黒化**銀粒子となって，目に見える像が現れ，その被ばく程度に応じて**黒化**度の異なる像となる。エックス線が起こすこのような作用をエックス線の写真作用という。

正解 (5)

【問題25】解説

　Aの半導体検出器は固体の電離作用によるものですね。また，Bの電離箱は気体増幅が起きない領域での検出器です。

第1回 模擬テスト 解説と正解

正解　(5)

【問題26】解説

　電離箱式のサーベイメータには，いくつかの分類があり，電極の形状によって，平行平板型，球形型，円筒型などに区分され，また，動作形態によって，充電式と放電式とに区分されます。

　いずれも流れる電流は微弱ですので，電圧を測定することで電離量を知ります。感度が低いため低線量率の測定には向きませんが，線量率のエネルギー依存性が非常に小さいので，中あるいは高線量率の測定において，安定で精度のよい測定が可能です。

　小型の電離箱や加圧型電離箱を用いた各種のサーベイメータとしての利用が多く，また，個人の被ばく線量を測定するポケット型線量計としても用いられます。

(1)～(3)　記述のとおりです。
(4)　記述は誤りです。電離箱による測定は，気体増幅（ガス増幅）の起こらない範囲で用いられます。
(5)　記述のとおりです。散乱エックス線の1cm線量当量率の測定には，電離箱式サーベイメータが適しています。

正解　(4)

【問題27】解説

　一般に時間の経過によって指数関数的に減少する量において，初期の量が36.8%（$=e^{-1}$）まで減少するまでの時間を時定数といいます。これは，段階的に変化して一定の値に近づく際に，最終の値（定常値）の$1-e^{-1}=63.2\%$に近づく時間ともいえます。

98

3. エックス線の測定

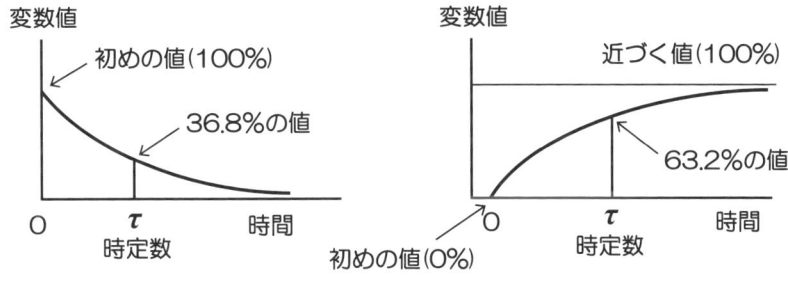

図中ラベル:
- 左グラフ: 変数値、初めの値(100%)、36.8%の値、時定数、O、τ、時間
- 右グラフ: 変数値、近づく値(100%)、63.2%の値、初めの値(0%)、O、τ、時定数、時間

関数形 $x = x_0 \exp\left(-\dfrac{t}{\tau}\right) = x_0 e^{-\frac{t}{\tau}}$　関数形 $x = x_0\left\{1 - \exp\left(-\dfrac{t}{\tau}\right)\right\} = x_0\left(1 - e^{-\frac{t}{\tau}}\right)$

図　減衰関数（左）と漸近関数（右）

　これは計器指示値の変動に関係するもので，時定数を大きくすると応答時間が長くなる一方で測定誤差が小さくなり，逆に，時定数を小さくすると応答時間が短くなる一方で測定誤差が大きくなります。

　時定数の調節ができる線量計では，測定対象の状況に応じて適切な値に変更します。

　したがって，(4)が正解となります。

正解　(4)

【問題28】解説

　フィルムバッジの機械的堅牢さはかなり十分にあります。落としたりぶつけたりした場合などにも，そのような衝撃には強いという特徴があります。

　各種の個人線量計をまとめると，次のようになります。

第1回 模擬テスト 解説と正解

表 各種の個人線量計

	フィルムバッジ	直読式(PD)ポケット線量計	熱ルミネッセンス線量計(TLD)	蛍光ガラス線量計	光刺激ルミネッセンス(OSL)線量計	半導体ポケット線量計
測定可能線量下限 (H_{1cm})	100μSv	10μSv	1μSv	10μSv	10μSv	0.01μSv
1個で測定可能な範囲 (H_{1cm})	100μSv～700mSv	10μSv～1mSv	1μSv～100Sv	10μSv～30Sv	10μSv～10Sv	0.01μSv～99.99μSv/1～9999μSv*
エネルギー特性	大(フィルタ補正可能)	小	大(フィルタ補正可能)	大(フィルタ補正可能)	中(フィルタ補正可能)	小
方向依存性	±90°で−50%	フィルムバッジより小			±20%	
記録保存性	有	無	無	有	有	無
着用中の自己監視	不可	可	不可	不可	不可	可
湿度影響	大	中	中	小	小	中
機械的堅牢さ	大	小	中	中	中	中
ほこりの影響	大	大	−	小		
必要な付属装置	暗室，現像設備，濃度計	荷電器	専用読み取り器	専用読み取り器	−	なし
フェーディング	中	中	中	小	小	無

100

3. エックス線の測定

特記事項	従来広く使用された。測定に日数必要	使用済素子を繰り返し使用できる	繰り返し読み取り可能	繰り返し読み取り可能。可視光アニールでき前処理容易	短期間の被ばく作業の場合に適する

＊1個の計器で4桁までカバーできます。0.01μSvより始まるものから1μSvより始まるものまで存在します。

正解　(1)

【問題29】解説

　問題の図中で誤っているのは，魚眼レンズです。ここは一般の顕微鏡並みに，単に対物レンズといわれます。

　直読式（PD）ポケット線量計は，中央に電離箱（電離槽）を持った検電器で，大きさは直径13mm，長さ約97mmの万年筆タイプのものです。荷電器が付属器具として必要です。使用する際は，線量計の指示線をゼロに合わせて，上着のポケットに差し込んでおきます。
　電離槽内に水晶糸（石英繊維）があり，充電された電荷に応じて先端がY字型に開きます。電離槽内に放射線が入射すると気体が電離し，その結果電荷が放電してY字検電器が閉じます。
　積算線量を読み取るには，水平に持って接眼レンズを通して目盛焦点板から読み取ります。測定範囲は0.01〜5mSvで，測定する線量の大きさによって数種類の線量計が用意されています。
　常時線量を確認できるメリットがありますが，機械的振動や衝撃に弱く，さらに湿気などで自然放電（フェーディング）も起きやすく，取扱いには注意が必要です。40〜70keV付近で最高感度を示すエネルギー依存性もあり，これにも注意が必要です。

101

第1回 模擬テスト 解説と正解

保管に際しては，50℃以上の高温や多湿の場所を避け，振動や衝撃を与えないようにして常に荷電状態にしておきます。

正解　(3)

【問題30】解説

(1) 記述のとおりです。半導体式ポケット線量計は，放射線の固体内での電離作用を利用したもので，検出器として高圧電源を必要としないPN接合型シリコン系半導体を用いています。

(2) 記述のとおりです。光刺激ルミネッセンス線量計では，検出素子として，炭素添加の酸化アルミニウムが用いられています。

(3) 記述は誤りです。チャージリーダは，PC型ポケット線量計（ポケットチャンバ型線量計）にチャージを与えるために必要となる付属機器であって，PD型では必要がありません。

(4) 記述のとおりです。PD型ポケット線量計は，充電によって先端がY字型に開いた石英繊維が，放射線の入射により閉じてくることを利用しています。

(5) 記述のとおりです。ガラスのため水中でも測定が可能です。

正解　(3)

> 図や表を書いてみることは
> 問題を解く上で
> 結構役に立つものですよ

3. エックス線の測定

コラム　マイ箸とユア箸

　最近では，環境の時代ということで買い物の際に「マイバッグ」を持参する人も増えているようですね。外食をするときの「マイ箸」も，私の周辺でときどき見かけるようになりました。割り箸を使うことに抵抗を感じる人も増えてきたようですね。お店でも割り箸を使わずに洗って再使用するお箸を出すところも増えてきました。やはり時代ですね。

　先日，私の友人でユア箸を持ってきた女性がいました。レストランで待ち合わせて4人で会食をしたときのことで，参加者の人数分のお箸をきれいなハンカチに包んで持参してくれて，「これがあなたのお箸，これが私のお箸」ということで「ユア箸とマイ箸」を使って食事をしました。食事が終わると回収し，「また洗って使います」とのことでした。

第1回 模擬テスト 解説と正解

4. エックス線の生体に与える影響

【問題31】解説

(1) 直接電離放射線でも間接電離放射線でも，生体高分子に影響を与える作用は，間接作用ではなく直接作用になります。なお，間接電離放射線とは，非荷電粒子の放射線のことで，エックス線，ガンマ線，中性子線などを指します。

(2) 記述のとおりです。エックス線が生体に与える影響を軽減する物質としては，システィンやシステアミンなどの**SH化合物**が知られています。

(3) 記述のような現象は，間接作用のストーリーによって説明されています。

(4) SH化合物とは，硫黄原子（S）と水素原子（H）からなる，－SHという官能基（特定原子団）を持つ化合物のことです。SH化合物が，スカベンジャー化合物（ラジカルを掃除する化合物）に分類されることはあります。

なお，システィンやシステアミンは図のような化学構造をしていますが，化学の試験ではないので，分子の形までは要求されないでしょう。－SHという構造（官能基）を持っていることを理解しておきましょう。

$$HOOC-CH-CH_2-SH$$
$$|$$
$$NH_2$$
システィンの化学構造

$$H_2N-CH_2-CH_2-SH$$
システアミンの化学構造

図　SH化合物の化学構造

4. エックス線の生体に与える影響

(5) 記述は誤りです。温度が高くなると，一般に放射線の人体への作用は強くなります。このことを利用して，放射線によるがんの治療は温度を高くして行われ，これを**温熱療法**といいます。約43℃程度に加温して放射線治療を行うと，より効果的にがん細胞を殺すことができます。

正解 (2)

> シスチンやシステアミンなどについては，－SHという官能基を持っていることを理解しておきましょう。

【問題32】解説

間接効果に関係のあるものは，希釈効果，酸素効果，保護効果，温度効果です。これらの中で，酸素効果は間接作用にも直接作用にも関連しますので，不適切です。

また，圧力効果という効果は，放射線が生体高分子に与える間接作用において一般に問題になりません。

正解 (2)

第1回 模擬テスト 解説と正解

【問題33】解説

　細胞分裂周期の過程は次のような4期に分けられます。この過程を通じて，1つの細胞が2つになります。

①DNA合成準備期（G_1期）
②DNA合成期（S期）
③細胞分裂準備期（G_2期）
④細胞分裂期（M期）

　これらの4期の中では，分裂期にある細胞が最も放射線感受性が高くなっています。

正解　(2)

【問題34】解説

(1)　記述のとおりです。急性影響は急性障害とも，晩発性影響は晩発障害ともいわれます。
(2)　記述のとおりです。身体的影響のうち急性影響では，一定の線量までは影響が現れないという現象が見られ，その上限線量をしきい線量といいます。
(3)　記述は誤りです。急性影響において，潜伏期の短いものほど回復が早いとは言い切れません。たとえば，末梢血液中のリンパ球の減少は潜伏期が非常に短いものの，回復は逆に遅い傾向にあります。
(4)　記述のとおりです。生殖腺が被ばくした場合においては，遺伝的影響だけでなく，身体的影響も発生する可能性があります。
(5)　記述のとおりです。放射線宿酔は前駆症状の1つに数えられ，急性の身体的影響に分類されます。

4. エックス線の生体に与える影響

確定的影響は
しきい線量以下の場合
現れにくいんですね

正解 (3)

【問題35】 解説

　末梢血液細胞の中で最も影響を早く受けるもの(潜伏期の小さいもの)は，リンパ球です。リンパ球は減少が早いのに，回復は逆に非常に遅いという特徴があります。

　リンパ球の次に影響を早く受けるものは同じ白血球の仲間である顆粒球です。その次が血小板で，最も影響を受けるのが遅く程度も小さいものが赤血球となります。

　正しい名称を入れた図を次に示します。

第1回 模擬テスト 解説と正解

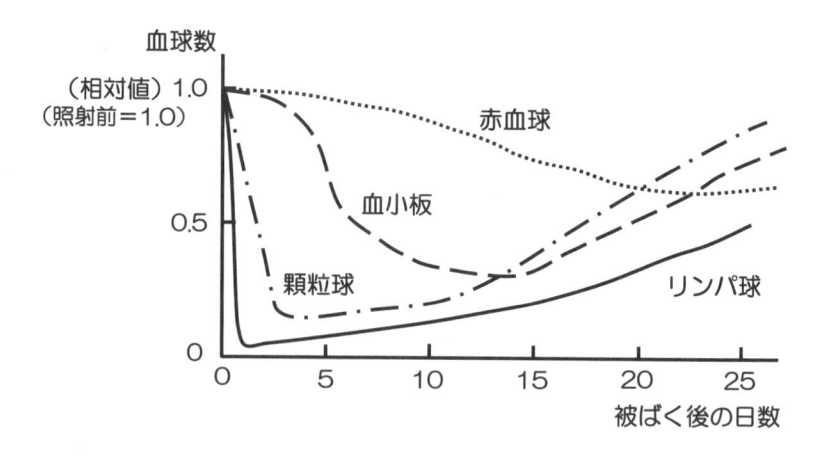

図 数Gyの全身被ばく時における末梢血液細胞数の時間的変化

正解 (4)

> リンパ球は最も早く，しかも徹底的に影響を受けるんですね

【問題36】解説

(1) 記述のとおりです。幹細胞は自己増殖をする細胞ということになります。2つに分かれた幹細胞の一方は再び幹細胞として活動し，分裂したもう一方の細胞は分化し，幼若細胞を経て成熟細胞となります。

4. エックス線の生体に与える影響

(2) 記述のとおりです。腸（消化管上皮），皮膚，生殖腺（精巣，卵巣），造血組織（リンパ組織，骨髄，脾臓，胸腺）は，細胞再生系に分類されます。

(3) 記述は誤りです。神経線維は，絶えず細胞分裂を行っている臓器・組織ではありません。既に分化が終わっているものに当たります。その他のものは，該当します。

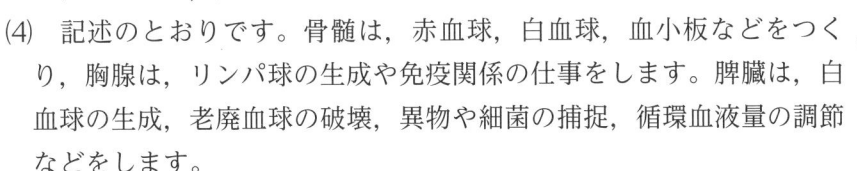

(4) 記述のとおりです。骨髄は，赤血球，白血球，血小板などをつくり，胸腺は，リンパ球の生成や免疫関係の仕事をします。脾臓は，白血球の生成，老廃血球の破壊，異物や細菌の捕捉，循環血液量の調節などをします。

(5) 記述のとおりです。卵巣や睾丸は，生殖腺に含まれるものです。

正解 (3)

【問題37】解説

(5)の血圧上昇は誤りで，現象としては一般に血圧低下が起こります。

　エックス線の被ばくを受けると，それが全身照射の場合であっても部分照射であっても，局所変化の他に全身的な影響が現れることがある。人間の場合には，種々の自覚症状が伴うことが多く，いわゆる飲酒による二日酔の症状に似ていることもあり，**宿酔**といわれる。

　宿酔には，一定の**潜伏期**が見られるが，その長さは被ばくの線量や部位などによって異なる。この症状は個人差が大きいが，少ない線量としては**0.5Gy程度**の照射で現れることがある。

　自覚症状としては，めまい，頭痛などの一般症状の他に，食欲不振，おう吐，悪心，下痢，**腹部膨満感**などの胃腸の症状や，不整脈，頻脈，**血圧低下**，呼吸亢進などの血管症状，不安，不眠，興奮などの精神症状が現れることもある。

第1回 模擬テスト 解説と正解

正解 (5)

【問題38】解説

急性死の様式として，エックス線を大量に被ばくした場合の死に至る形にいくつかのものがあります。

線量の大きさによっていくつかの区分がありますが，哺乳動物では，人間でもマウスでもほぼ同様で，死亡原因が次のようなパターンに分かれます。

表　急性死の様式

様式	照射線量/Gy	状態
分子死	数100以上	生体を構成する重要分子の変性によって，被ばく後数時間以内に死亡する。
中枢神経死	50〜100超	被ばく直後に脳の中枢神経に異常が起き，線量の大きさによって人間では1〜5日で死に至る。照射後の症状としては，異常運動，けいれん発作，麻痺（しびれること，感覚がなくなること），後弓反張（けいれんなどによって全身が後方弓形にそりかえる状態），震せん（震顫，震えること）などの神経症状が起きる。
腸死（消化管死）	10〜100	全身あるいは腹部への照射によって，胃腸に障害が起こる。腸の幹細胞が障害を受け，腸粘膜の欠落から，脱水，下痢，潰瘍，下血が現れ，敗血症（血液中に化膿菌などが侵入して毒素を出す疾病）によって死亡する。動物種ごとにほぼ一定の生存時間となり，マウスでは**3.5日効果**という。人間では10〜20日程度。

4. エックス線の生体に与える影響

骨髄死 (造血死)	2~10	骨髄などの造血臓器で幹細胞や幼若細胞の分裂が停止し，白血球や血小板が減少して，細菌感染による敗血症や出血などの症状が出る。生存期間は，マウスで10日から1ヶ月，人間で30〜60日。半致死線量（LD_{50}）の被ばくでは，この骨髄死が死因となる。
回復	2以下	一時的に造血機能が低下しても，生き残った幹細胞の増殖で短時間に回復する。ただ，晩発障害として，平均寿命の短縮や白血病のようながんが起こる危険性はある。

正解　(3)

【問題39】解説

精子のできる流れとしては，

　　精原細胞 → 精母細胞 → 精細胞（精子細胞）

の順になります。

精原細胞には，さらに順に精原細胞Aと精原細胞Bがあり，精母細胞にはさらに一次精母細胞と二次精母細胞があります。

正しい図を次に示します。放射線感受性の方向性も付け加えておりますので，確認しておきましょう。

第1回 模擬テスト 解説と正解

```
体細胞分裂
  ┃
減数分裂 ┃ 第一分裂
       ┃ 第二分裂
  変態
```

始原生殖細胞 (2n)
 ↓ 精巣内に入る
精原細胞A (2n)
 ↓
精原細胞B (2n)(2n)
 ↓
一次精母細胞 (2n)(2n)(2n)(2n)
 ↓
二次精母細胞 (n)(n)
 ↓
精細胞 (n)(n)(n)(n)
 ↓
精子

放射線感受性 大 ←→ 小

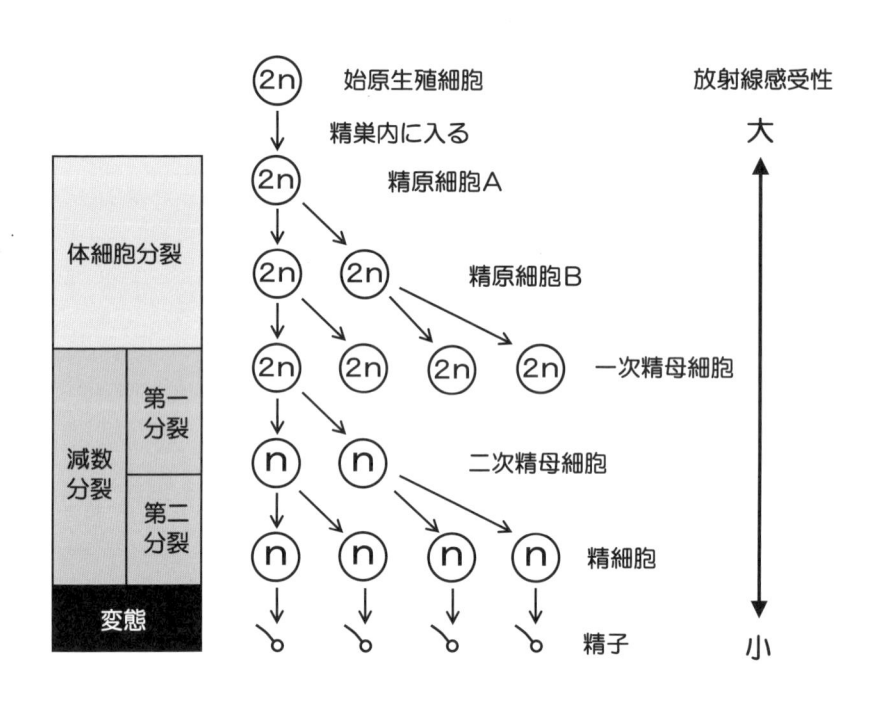

図　精子のできる過程

正解　(2)

【問題40】解説

(1) 確率的影響は，被ばく線量の増加とともに発生率は増加しますが，障害の重篤度も線量増大によって増加します。
(2) 実効線量は確率的影響を評価するために用いられます。
(3) 放射線の等価線量限度は，直線的関係による線量効果ではなく，しきい値のあるS字型曲線関係によって決定されています。

4. エックス線の生体に与える影響

⑷　放射線の実効線量限度は，しきい値のあるS字型曲線関係ではなく，直線的関係による線量効果によって決定されます。

⑸　記述のとおりです。しきい値のある確定的影響については，線量をそれぞれのしきい値より低く維持することで，その発生が防止できます。

正解　⑸

コラム　酸素は毒ガス？

　酸素は毒ガスなんかであるわけないと思う方が多いかもしれません。たしかに，酸素のあるところで私たちは生活しているわけですから，毒ガスではないといえるでしょう。

　しかし，実は地球ができたばかりの頃の大気は，N_2が5%とCO_2が95%だったようです。金星や火星の大気はいまでもほぼそのような成分比になっています。

　したがって，たとえば最初に光合成をしたシアノバクテリア（らん藻）などは二酸化炭素が豊富にあることが前提で進化してきましたから，酸素にはなじみがなかったのです。

　その後，海にいた生物が陸地に上がる際に，酸素という当時の生物にとって有害なガスの多い陸地へは，酸素の害を防ぐための抗酸化物質をつくりながら上陸していったということです。

　そのため，いまでも多くの野菜や果物が，ビタミンやポリフェノールなどの活性酸素対策物質を持っていることは，このことの名残りだそうです。そのおかげで，私たちが野菜や果物をたくさん食べることで発ガンを防ぐことがある程度できるということになるのです。

第2回 模擬テスト 解説と正解

1. エックス線の管理

【問題1】解説

(1) 記述のとおりです。電子と陽子の電荷については，それらの絶対値は等しいですが，電子は負の電荷，陽子は正の電荷を持ちますので，符号は反対です。

(2) 記述のとおりです。中性子と陽子の質量は「ほぼ等しい」ということで正しいですが，厳密に見るとほんの少しだけ中性子が重くなっています（中性子が1.675×10^{-27}kg，陽子が1.673×10^{-27}kg）。電子の質量は中性子や陽子の質量の約1,800分の1程度と小さいです。

(3) 記述のとおりです。普通に考えて単純に偶数になりそうですね。

(4) 記述は誤りです。陽子および電子の数は，質量数ではなく，原子番号に一致します。質量数は陽子と中性子の数を合わせたものに一致します。

(5) 記述のとおりです。「同位」というのは周期律表の同じ位置にあるということです。

正解 (4)

電子は中性子や陽子に比べてはるかに軽いんですね

第2回 模擬テスト 解説と正解

【問題2】解説

運動エネルギー E は，質量を m，速度を v としたとき，$\frac{1}{2}mv^2$ になります。$1J=1kg \cdot m^2/s^2$ ですから，

$$E = \frac{1}{2} \times 1.67 \times 10^{-27} [kg] \times (2.2 \times 10^7)^2 [m/s]^2$$
$$\times \frac{1}{1.60 \times 10^{-19}} [eV/J]$$
$$= 2.53 \times 10^6 [eV] = 2.53 [MeV]$$

なお，桁数が問われていないため，10の指数を考慮に入れず，$\frac{1}{2} \times 1.67 \times 2.2^2 \times \frac{1}{1.60}$ を計算すれば早く正解に至ります。

正解 (5)

【問題3】解説

粒子速度 v が光速 c に近づく場合に，量子力学において見かけの質量 m' はきわめて大きくなり，$v \to c$ ($v \fallingdotseq c$) ではほとんど無限大になります。この条件を満たす式は(2)と(4)だけですね。

ただし，$v < c$ ですので，(2)は平方根の中がマイナスになって不合理です。

正解 (4)

【問題4】解説

(1) 記述のとおりです。エネルギーとしては，エックス線はおよそ

1．エックス線の管理

　10eVから1MeV程度であり，ガンマ線はおよそ10keVから1GeV程度です。
(2)　記述のとおりです。波長としては，エックス線はおよそ100nmから10^{-3}nm程度であり，ガンマ線はおよそ10^{-1}nmから10^{-6}nm程度です。
(3)　記述は誤りです。エックス線とガンマ線は，エネルギーの大きさで区分されているわけではありません。これらは発生機構で区別されています。原子核の内部から発生する電磁波がガンマ線で，原子核の外部(電子軌道など)から発生する電磁波がエックス線とされています。
(4)　記述のとおりです。エックス線やガンマ線のエネルギー E [eV]と波長 λ [nm] の間には，次の関係式があります。
　　　$E\lambda = 1,240$
(5)　記述のとおりです。超軟エックス線は10〜100eV，軟エックス線100eV〜10keV，硬エックス線は100keV〜1MeV程度です。

正解　(3)

解き方がすぐに
思いつかない問題に
ぶつかったときには，
その分野の基本原理や公式を
思い出してみましょう。

第2回 模擬テスト 解説と正解

【問題5】解説

　連続エックス線は，単色エックス線とは異なり，物質を透過する際に線質が次の図のように変化します。

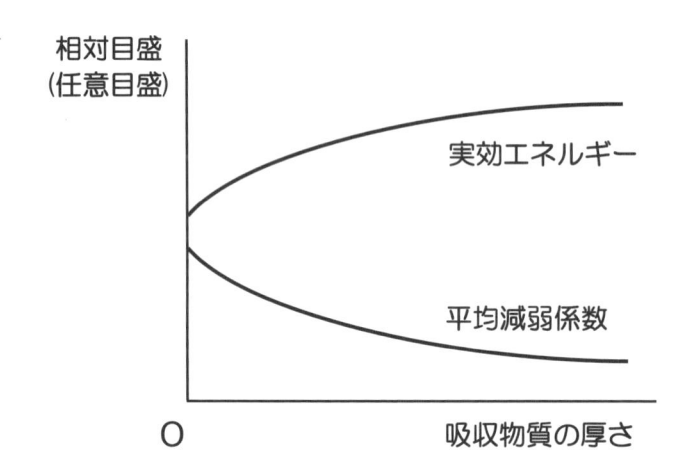

図　吸収物質の厚さと連続エックス線の線質

　これは，少しわかりにくいかもしれませんが，連続エックス線がエネルギーの異なるエックス線の集まりであることを考えると，理解しやすいでしょう。
　つまり，エネルギーの小さいエックス線は早めに減弱して，厚みの大きいところではエネルギーの大きいエックス線が残るために，このような現象となります。

(1)　記述のとおりです。白色光は多くの波長の光が集まったものです

1. エックス線の管理

が，エックス線も同じように，単色エックス線が多く集まったエックス線を白色エックス線ということがあります。
(2) 記述のとおりです。連続エックス線とは，単色エックス線が多く集まったエックス線です。
(3) 記述のとおりです。連続エックス線が物体を通過するとき，物体の厚みを増やすと，エックス線の実効エネルギーは増加しますが，厚みが十分に大きくなるとほぼ一定となります。
(4) 記述は誤りです。連続エックス線が物体を通過するとき，物体の厚みを増やすと，エックス線の半価層の大きさは徐々に大きくなります。厚みが十分に大きくなるとほぼ一定となることは，そのとおりです。
(5) 記述のとおりです。連続エックス線が物体を通過するとき，物体の厚みを増やすと，エックス線の平均減弱係数は低下しますが，厚みが十分に大きくなるとほぼ一定となります。

正解 (4)

【問題6】解説

次の式を用います。

$$\text{半価層} = \frac{\log_e 2}{\text{線減弱係数}}$$

コンクリートの密度が2.5g/cm^3，このエックス線に対する質量減弱係数が$0.1\text{cm}^2/\text{g}$であることから，線減弱係数$\mu\ [\text{cm}^{-1}]$は，

$$\mu = 0.1 \times 2.5 = 0.25\text{cm}^{-1}$$

$$\text{半価層} = \frac{\log_e 2}{\mu} = \frac{0.69}{0.25} \fallingdotseq 2.8\text{cm}$$

正解 (4)

第2回 模擬テスト 解説と正解

【問題7】解説

(1) 記述は誤りです。管電流が増加しても、エックス線の最短波長は変化しません。

(2) 記述のとおりです。管電圧が高くなると、エックス線量は増加します。

(3) 記述は誤りです。管電流が増加する場合には、エックス線量は増加します。

(4) 記述は誤りです。管電流を5%減らし、管電圧を5%増やしたときには、エックス線量は増加します。エックス線量は、管電流に比例して増加しますが、管電圧にはその2乗に比例しますので、設定の条件では、エックス線量は増加することになります。

　　エックス線管から発せられる連続エックス線の全強度Iと、管電流i、管電圧V、ターゲット原子の原子番号Z、比例定数kとの関係を表す式として、次のものがあります。管電流と原子番号に比例し、管電圧の2乗に比例します。

$$I = kiZV^2$$

(5) 記述は誤りです。管電圧を高くすると、エックス線の最短波長は短くなります。

正解　(2)

【問題8】解説

(1) 記述は誤りです。エックス線管の内部は、基本的に分子がないほうがよいため、真空にされています。

(2) 記述は誤りです。エックス線管のフィラメント端子間の電圧は約10Vとなっています。

(3) 記述のとおりです。フィラメントにおいて発生した熱電子を陽極に

1. エックス線の管理

向けて加速するために数十kVから数百kVまで印加します。

(4) 記述は誤りです。ターゲット上の，エックス線発生箇所は実効焦点ではなく，実焦点といいます。実焦点をエックス線管軸の照射口方向から見たところを実効焦点といいます。

(5) 記述は誤りです。管電流や管電圧を変化させると，実効焦点の大きさは変わります。通常は径として1～4mm程度ですが，管電圧が大きくなると実効焦点は大きくなり，2～10mm程度にもなることがあります。

正解 (3)

> 蛍光灯の蛍光管も昔のテレビのブラウン管も，エックス線管と同じような原理でできていますが，もちろん人の健康に配慮した設計になっているんですね

【問題9】解説

この問題には，2通りの解き方がありますので，それぞれ示します。

●減弱係数から解く方法

入射線量率をI_0，物質の中をx [mm] だけ透過した後の線量率をI，μをその物質固有の線減弱係数とするとき，次のような式が成り立ちま

第2回 模擬テスト 解説と正解

す。
$$I = I_0 \exp(-\mu \cdot x)$$

この問題では，遮へいされていない状態の8mSv/hが入射線量率I_0に当たり，12mmの厚さの鋼板で遮へいされた2mSv/hが透過した後の線量率Iになりますので，次のようになります。

$$2 = 8\exp(-\mu \cdot 12)$$

よって，
$$1 = 4\exp(-\mu \cdot 12)$$
$$4 = \exp(\mu \cdot 12)$$

両辺の自然対数をとれば，$\log\{\exp(x)\} = x$ ですから，
$$\log 4 = 12\mu$$
$\log 4 = \log 2^2 = 2\log 2$ なので，
$$\log 2 = 6\mu \qquad \cdots ①$$

一方，目的とする線量率が0.25mSv/h以下ということなので，それを実現する鋼板の厚さをxとして，
$$0.25 = 8\exp(-\mu \cdot x)$$

となるようなxを求める必要があります。この式の両辺を4倍して，
$$1 = 32\exp(-\mu \cdot x)$$
$$32 = \exp(\mu \cdot x)$$

両辺の自然対数をとって，
$$\log 32 = \mu \cdot x$$
$\log 32 = \log 2^5 = 5\log 2$ なので，
$$5\log 2 = \mu \cdot x \qquad \cdots ②$$

②式のそれぞれの辺を①式のそれぞれの辺で割って，
$$\frac{5\log 2}{\log 2} = \frac{\mu \cdot x}{6\mu}$$

これより，
$$x = 30 \text{mm}$$

1．エックス線の管理

●半価層から解く方法

　8mSv/hの線量率が，12mmの厚さの鋼板で遮へいしたところ2mSv/hとなったということですから，厚さ12mmで1/4に減弱していることになります。

　半価層の2倍である1/4価層が12mmということなので，半価層は6mmとなります。半価層の2倍が1/4価層であることは，次のようにしてわかります。減弱係数をμとすると，$1/n$価層$=\log_e n/\mu$という公式より，

$$1/4価層=\log_e 4/\mu=\log_e 2^2/\mu=2\log_e 2/\mu=2×半価層$$

　この問題では，12mmの厚さの鋼板で遮へいした2mSv/hをさらに0.25mSv/h以下の線量率とするということですから，さらに1/8にするべきことになります。

　ですから，さらに半価層の3倍の18mmが必要となり，全体で12mm+18mm=30mmが必要となります。

正解　(4)

【問題10】解説

(1)　エックス線厚さ計には，透過エックス線の線量率変化を観測するものと，後方散乱線を利用するものがあります。

　　透過エックス線の線量率変化を観測する装置では，物体の厚さが増加するにつれて透過エックス線の線量率が減少することを利用しますし，後方散乱線を利用する装置では，物体の厚さが増加するにつれて後方散乱線の線量率が増加していくことを利用しています。物体の厚さが増加すると，透過しにくくなって後方に散乱しやすくなるのですね。

(2)　エックス線回折装置とは，結晶性の試料を対象としますが，試料にエックス線を照射し，その回折像から結晶構造などを調べる装置です。

第2回 模擬テスト 解説と正解

(3) 記述は逆になっています。蛍光エックス線分析装置は，試料に連続エックス線を照射して試料が発する特性エックス線（蛍光エックス線）を解析して元素分析を行います。

(4) エックス線マイクロアナライザーとは液体試料を分析するためのものではなく，固体試料を分析するものです。試料を真空中に置いて電子線を照射し，試料中に含まれる元素から放射される特性エックス線を分光して元素を同定し定量する装置であるということは，記述のとおりです。

(5) 記述のとおりです。エックス線応力測定装置は，試料にエックス線を照射し，物質中に残っている応力によって結晶格子面の面間隔にひずみが出ている程度を，回折角の変化で測定する装置です。

正解　(5)

> それぞれの測定装置について
> しっかりおさえておきましょう

1．エックス線の管理

コラム　楽しい和歌

息抜きに楽しい和歌などをご紹介しましょう。

●楽しみは春の桜に秋の月　夫婦仲良く三度食う飯

　長年連れ添った夫婦の姿がよく出ている歌と思いますね。

●美しき極みの歌に悲しさの　極みの想ひこもるとぞ知れ

　美しい歌ほど悲しさの極みの思いが込められているという歌です。

●貧乏をしてもこの家に風情あり　質の流れに借金の山

　お金に不自由しても風流な心を失わないという立派な心がけです。
　最後に，自分にきびしい心がけをご紹介しましょう。

●憂きことのなおこの上に積もれかし　限りある身の力試さん

　「天よ，われに七難八苦を与えたまえ」と叫んだ山中鹿之助の歌です。このこととほぼ同じことをいっていますね。

第2回 模擬テスト 解説と正解

2. 関係法令

【問題11】解説

管理区域に掲示する事項は次の3項目です。
- 放射線測定器の装着に関する注意事項
- 放射性物質の取扱い上の注意事項
- 事故が発生した場合の応急の措置

これらの項目はしっかり確認しておきましょう。

正解 (1)

> 試験では
> 時間配分をしっかり
> 考えて取り組みましょう

【問題12】解説

実効線量は，発がんや遺伝的影響などのようなしきい値を持たない(あるいは持たないと仮定されている)確率的影響を評価するための量です。これに対して等価線量は，皮膚障害や白内障のように発症にしきい値を持つとされている確定的影響を評価するのに用いられます。

この問題は，数値が頭に入っていないと解きにくいですね。

2. 関係法令

(1) 記述のとおりです。作業全般における実効線量限度は，男性の場合で，5年間で100mSvかつ1年間で50mSvです。
(2) 記述のとおりです。皮膚に受ける等価線量限度は，男女ともに500mSv/年となっています。
(3) 記述は誤りです。やや難易度の高い問題ですが，腹部表面に受ける線量限度は，実効線量限度ではなく等価線量限度です。妊娠期間中で2mSvというのは正しい数値です。
(4) 記述のとおりです。緊急作業において，皮膚に受ける等価線量限度は，男性の場合で作業期間中に1Svです。
(5) 記述のとおりです。緊急作業に従事する間に眼の水晶体に受ける等価線量限度は，男性および妊娠しない女性について，作業期間中に300mSvとなっています。

正解 (3)

【問題13】解説

立入禁止区域は，エックス線管の焦点から5m以内（直径10m以内）の距離であって，かつ外部放射線による実効線量が1週間につき1mSvを超える範囲となります。

したがって(1)が正解です。仮に5m以内の距離であっても，実効線量が1週間につき1mSv以内であれば，立入禁止区域にはなりません。

正解 (1)

【問題14】解説

関係する法律条文は，電離則第17条第1項です。

第2回 模擬テスト 解説と正解

> （警報装置等）
> 第17条　事業者は，次の場合には，その旨を関係者に周知させる措置を講じなければならない。この場合において，その周知の方法は，その放射線装置を放射線装置室以外の場所で使用するとき，または管電圧150kV以下のエックス線装置もしくは数量が400GBq未満の放射性物質を装備している機器を使用するときを除き，自動警報装置によらなければならない。
> 一　エックス線装置または荷電粒子を加速する装置に電力が供給されている場合
> 二　エックス線管もしくはケノトロンのガス抜きまたはエックス線の発生を伴うこれらの検査を行う装置に電力が供給されている場合
> 三　放射性物質を装備している機器で照射している場合

つまり，放射線装置室以外の場所で使用するときは除外されるので，(1)(3)(4)が外れます。また，管電圧150kV以下のエックス線装置も除外され，(2)も外れます。工業用であるか医療用であるかは，問われていません。

正解　(5)

【問題15】解説

特別教育の科目と実施内容は，透過写真撮影業務特別教育規程（昭和50年労働省告示）で定められています。
正しい表を次に示します。

2. 関係法令

表　エックス線装置を用いて行う透過写真撮影業務における特別教育規程

科目	範囲	時間
透過写真の撮影の作業の方法	作業の手順，電離放射線の測定，被ばく防止の方法，事故時の措置	1時間30分以上
エックス線装置の構造および取扱いの方法	エックス線装置の原理，エックス線装置のエックス線管，高電圧発生器および制御器の構造および機能，エックス線装置の操作および点検	1時間30分以上
電離放射線の生体に与える影響	電離放射線の種類および性質，電離放射線が生体の細胞，組織，器官および全身に与える影響	30分以上
関係法令	労働安全衛生法，労働安全衛生法施行令，労働安全衛生規則および電離放射線障害防止規則中の関係条項	1時間以上

　これによると，「エックス線装置の構造および取扱いの方法」という科目は「電離放射線の生体に与える影響」や「関係法令」という科目よりも長く，「透過写真の撮影の作業の方法」並みに時間をかける必要があることになっています。

正解　(1)

【問題16】解説

(1) 記述のとおりです。管理区域において作業環境測定を行った場合に，官庁に報告することについては規定がありません。つまり，報告しなくてもよいのです。

(2) 記述のとおりです。作業環境測定を行うべき作業場は，エックス線装置を使用する業務を行う作業場のうち，管理区域に相当する部分です。

(3) 記述のとおりです。作業環境測定を行ったときは，測定器の種類，型式，性能も記録しなければなりません。

第2回 模擬テスト 解説と正解

(4) 記述のとおりです。作業環境測定を行ったときは，測定結果に加えて，測定条件や測定方法も記録しなければなりません。

(5) 管理区域における作業環境測定結果の記録は，30年間の保存義務はありません。30年という長きにわたって保存する必要性は，長期間の後に障害が発生するおそれがあるためであって，個人の健康に関するものに限られています。

正解　(5)

【問題17】解説

正しくは，次のようになっています。
- 衛生管理者免許（第1種，第2種）・衛生工学衛生管理者免許を受けた者
- 医師
- 歯科医師
- 労働衛生コンサルタント
- 厚生労働大臣の定める者

正解　(3)

【問題18】解説

(4)の常時30人以上というのは誤りで，正しくは常時500人以上です。規定されている数値はよく出題されますので，しっかり確認しておきましょう。

正しい表を次にまとめます。

表　産業医の数の規定

事業場の規模と状態	産業医の数の規定
常時50人以上の労働者	1人以上の産業医選任が必要

2. 関係法令

常時1,000人以上の労働者	専属の産業医選任が必要
エックス線などの有害業務従事者500人以上	専属の産業医選任が必要
常時3,000人を超える労働者	2人以上の産業医選任が必要

正解 (4)

【問題19】解説

(2)の「専属」は「専任」の誤りです。少しまぎらわしいですが，専属と専任とは別の用語です。専属とはその組織に100％所属していることを意味し，専任とは業務のすべてが衛生管理者であることを意味しています。

安全衛生管理体制を次にまとめます。

表 安全衛生管理体制（1,000人までの事業場）

名称	事業場規模（常時労働者の数）
総括安全衛生管理者	製造業では300人以上で選任
衛生管理者	50～200人：衛生管理者1人以上が必要
	201～500人：衛生管理者2人以上が必要
	501～1,000人：衛生管理者3人以上が必要
	有害業務30人以上を含む501人以上：衛生管理者3人以上必要（うち1人は専任，1人は衛生工学衛生管理者から選任）
産業医	50人以上で選任
	エックス線などの有害業務従事者500人以上：専属で選任
衛生委員会	50人以上で設置が必要
安全衛生推進者	10人以上50人未満で専属者が必要

第2回 模擬テスト 解説と正解

表　安全衛生管理体制（1,000人を超える事業場）

名称	事業場規模（常時労働者の数）
総括安全衛生管理者	1,000人を超える場合，すべての業種で選任
衛生管理者	1,001～2,000人：衛生管理者4人以上が必要（うち1人は専任）
	2,001～3,000人：衛生管理者5人以上が必要（うち1人は専任）
	3,001人～：衛生管理者6人以上が必要（うち1人は専任）
	有害業務30人以上を含んで1,000人を超える場合：衛生管理者3人以上が必要（うち1人は専任，1人は衛生工学衛生管理者から選任）
産業医	（エックス線などの有害業務従事者500人以上を含む）専属で選任
	3,001人～：2人以上の産業医が必要
衛生委員会	設置が必要

表　安全衛生管理体制（元方事業者を含む複数事業者）

名称	事業場規模（常時労働者の数）
統括安全衛生責任者	50人以上（一部の業種では30人以上）で選任
安全衛生責任者	統括安全衛生責任者が選任された場合に，各事業者ごとに選任

正解　(2)

【問題20】解説

(1) 記述のとおりです。常時使用する労働者数と衛生管理者の数を表にまとめます。

2. 関係法令

表 常時使用する労働者数と衛生管理者の数

常時使用する労働者数	衛生管理者の数
50人以上，200人以下	1人以上
200人を超え，500人以下	2人以上
500人を超え，1,000人以下	3人以上
1,000人を超え，2,000人以下	4人以上（うち1人以上は専任）
2,000人を超え，3,000人以下	5人以上（うち1人以上は専任）
3,000人を超える	6人以上（うち1人以上は専任）

(2) 記述のとおりです。総括安全衛生管理者の選任は選任すべき事由が発生した日から14日以内に行って，その報告書を遅滞なく所轄労働基準監督署長に提出しなければなりません。

(3) 記述のとおりです。常時1,000人以上の労働者が働く事業場，もしくは常時500人以上でエックス線その他の放射線にさらされる業務を行う事業場においては，専属産業医の選任を必要とします。

(4) 記述は誤りです。製造業では100人以上ではなく，300人以上の場合です。以下，表にまとめます。

表 総括安全衛生管理者を選任すべき事業場と労働者数

業種	選任すべき事業場の労働者数
林業，鉱業，建設業，運送業，清掃業	100人以上
製造業，電気業，ガス業，熱供給業，水道業，通信業，各種商品卸売業，同小売業，家具・建具・じゅう器等卸売業，同小売業，燃料小売業，旅館業，ゴルフ場業，自動車整備業，機械修理業	300人以上
その他の業種	1,000人以上

(5) 記述のとおりです。統括安全衛生責任者と総括安全衛生管理者とは似ていますが，別のものですので注意しましょう。

第2回 模擬テスト 解説と正解

正解 (4)

30人以上や100人以上といった数値はよく出題されています。しっかりおさえておきましょう

3. エックス線の測定

3. エックス線の測定

【問題21】解説

(3)のベクレルや(5)のシーベルトは，それまで世間一般で用いられることはあまりありませんでしたが，福島の原発事故の後，ニュースなどを通してにわかに有名になった単位ですね。

ベクレルは，1秒間に（質量当たりではなく）1個の原子が放射性壊変することをいう単位ですので，kgは入り込まず，正しくはs^{-1}となります。

(4)のGyや(5)のSvはJ/kgではないかと思われるかもしれませんが，JはSI基本単位ではありません。エネルギーなどの単位であるJをSI基本単位で表すと，(1)のように$m^2 \cdot kg \cdot s^{-2}$となり，これをkgで割ると$m^2 \cdot s^{-2}$となります。

正解 (3)

> 試験では何が問われているのかをよく考えて解答しましょう

【問題22】解説

放射線防護を目的に防護量として等価線量と実効線量が規定されています。

第2回 模擬テスト 解説と正解

●等価線量

　白内障や皮膚障害のような障害は，発症にしきい値（刺激があるレベルに達したときにはじめて発症する性質）を持っています。

　このような障害に対する確定的影響を評価するために**等価線量**が定められており，放射線の種類やエネルギーにかかわる放射線荷重係数によって重み付けられた臓器や生体組織当たりの吸収線量として定義されています。

　放射線荷重係数は，次のような数値となっています。

表　各種放射線の放射線荷重係数

放射線の種類	放射線荷重係数
エックス線，ガンマ線，電子線	1
陽子線	2（最近5から改訂）
中性子線	エネルギーに応じて5〜20
α線（ヘリウム原子核）	20

　エックス線の放射線荷重係数を U_X として，ある臓器・生体組織Tの平均吸収線量を D_T とすると，その臓器・組織の等価線量 H_T は次のように定義されます。

$$H_T = U_X \cdot D_T$$

ただし，上の表のように $U_X = 1$ ですので，吸収線量と等価線量とはエックス線の場合には等しくなります。その単位はSvが用いられます。

●実効線量

　実効線量とは，遺伝的影響や発がんなどのようなしきい値を持たない確率的影響を評価するためのものです。

　すべての身体部位が同じ被ばく（一様な被ばく）をすることにはなりませんので，臓器や生体組織の相対的な放射線感受性を表す組織荷重係

3. エックス線の測定

数で身体すべての臓器・生体組織にわたり重み付けされた等価線量として定義されます。

臓器・生体組織Tの等価線量をH_Tとして，臓器・生体組織の組織荷重係数をW_Tとすると，実効線量H_Eは次のように与えられます。

$$H_E = \sum_T W_T \cdot H_T$$

単位はSvです。組織荷重係数は，13の部位について定義されています。その例を表に示します。

表 組織荷重係数の例

臓器・生体組織	組織荷重係数
生殖腺	0.20
肺	0.12
皮膚	0.01
⋮	⋮
合計	1.00

● **実用量**

等価線量や実効線量は，人体内部での線量として定義されていますので，実測が困難です。そこで，計測可能な量を**実用量**といい，**線量当量**という量が定義されています。外部被ばくの部位によって，1cm線量当量や70μm線量当量などが規定されています。

外部被ばくの場合において，1cm線量当量は実効線量の評価に，70μm線量当量は等価線量の評価に用いられます。これらは放射線測定器でSvを単位として計測されます。

(1)〜(4) 記述のとおりです。
(5) 記述は誤りです。妊娠中の女性の腹部表面の等価線量は，70μm線量当量ではなく，1cm線量当量によって算定されます。

第2回 模擬テスト 解説と正解

正解 (5)

【問題23】解説

(1) Gyはエックス線やガンマ線に限らず，放射線一般について用いられる吸収線量の単位です。
(2) 1Gyは，1kgの物質に吸収されたエネルギーが1Jであるときの吸収線量です。kJ・kg^{-1}ではなくJ・kg^{-1}となっています。
(3) エックス線やガンマ線による空気カーマの単位はC/kgではなくJ/kgです。
(4) 照射線量とは，単位質量の物質中で，光子（エックス線やガンマ線）によって発生した電子が完全に停止するまでに生じたイオン対の電荷量合計のことです。単位はJ/kgではなくC/kgです。
(5) 記述のとおりです。eVは，エネルギーの単位であり，放射線の種類に関わらず使用されます。

正解 (5)

> Gyは放射線一般について用いられる単位なんですね

3. エックス線の測定

【問題24】解説

(1)(2) 記述のとおりです。二次電離は，なだれのように起こる場合には，電子なだれともいわれます。

(3) 記述のとおりです。一次電離イオン対がさらにイオン対を増やす現象を気体増幅，またはガス増幅といいます。

(4) 記述のとおりです。ガイガー・ミュラー計数管領域では，荷電粒子などが入射しさえすれば，入射量に関係なく放電が起こり，回路には放電回数ごとに一定の強さの放電電流が流れます。

(5) 記述は誤りです。連続放電領域は，非常に高い電圧が印加された場合の状態で，荷電粒子などが入射しなくても連続放電が起きます。そのため，この領域は線量計として利用することはできません。

正解 (5)

【問題25】解説

(1)の窒息現象や(2)のプラトー特性は，(3)のガイガー・ミュラー計数管に関連するものです。

また，還元反応や酸化反応は化学線量計に関するものですが，化学線量計である(5)のセリウム線量計は還元反応を利用しています。酸化反応を利用する化学線量計は鉄線量計です。

正解 (4)

【問題26】解説

エックス線が厚さ T [cm]，密度 ρ [g/cm³]，質量吸収係数 μ [cm²/g] の物質に入射する際の強度を I_0 とし，透過後の強度を I とするとき，次の関係が成り立ちます。

第2回 模擬テスト 解説と正解

$$I = I_0 \exp(-\mu \rho T)$$

ここで，透過後の強度が入射強度の半分になる物質の厚さを半価層といい，$T_{1/2}$ などと表されます。次の関係が成り立ちます。

$$1 = 2\exp(-\mu \rho T_{1/2})$$

$$T_{1/2} = \frac{\log 2}{\mu \rho}$$

この問題で，$\rho = 2.7 \text{g/cm}^3$，$T_{1/2} = 10.5\text{mm}$，$\log 2 = 0.69$ を用いて質量吸収係数を求めると，

$$\mu = \frac{\log 2}{\rho \times T_{1/2}} = \frac{0.69}{2.7 \text{g/cm}^3 \times 10.5\text{mm}} = 0.243 \text{cm}^2/\text{g}$$

アルミニウムの質量吸収係数が $0.243 \text{cm}^2/\text{g}$ に近いエックス線のエネルギーを与えられた表から読み取ると，70keV が近いと考えられます。

正解　(2)

【問題27】解説

まず，エックス線によって電離される1秒間当たりの電荷量を求め，電流に換算します。エックス線の強さを正確に表現すると，$2 \times 10^{-6}[\text{C}/(\text{kg}\cdot\text{h})]$ となりますから，

$$2 \times 10^{-6}[\text{C}/(\text{kg}\cdot\text{h})] \div 3{,}600[\text{s/h}] = (1/1.8) \times 10^{-9}[\text{C}/(\text{kg}\cdot\text{s})]$$
$$= (1/1.8) \times 10^{-9}[\text{A/kg}]$$

ここで，$1\text{A} = 1\text{C/s}$ を用いています。

次に，これによって $2 \times 10^{-12}[\text{A}]$ の電離電流を得る空気量を求めるには，$2 \times 10^{-12}[\text{A}]$ を上の結果で割ります。

$$\frac{2 \times 10^{-12}[\text{A}]}{(1/1.8) \times 10^{-9}[\text{A/kg}]} = 3.6 \times 10^{-3}[\text{kg}]$$

これを体積に換算します。

$$\frac{3.6 \times 10^{-3}[\text{kg}]}{1.293 \times 10^{-6}[\text{kg/cm}^3]} = 2.784 \times 10^3[\text{cm}^3]$$

3. エックス線の測定

正解 (3)

【問題28】解説

　シンチレーション式サーベイメータは，放射線の入射によって蛍光を発する光を，光電子増倍管により光の量に比例した電気的パルスとして検知します。これを適当な増幅器を経由させて，パルスの波高を選別して計数します。ここで用いられるシンチレータとしては微量のTl（タリウム）で活性化されたNaI（よう化ナトリウム）やCsI（よう化セシウム）などの結晶が用いられます。

　感度が高く，100keV付近に最大感度を持ちますが，エネルギー依存性が大きく，50keV以下では測定に向いていません。また，パルス状に発生するエックス線では，数え落としが著しくなり，GM計数管と同様に注意が必要です。

(1) 微量のタンタルではなく，微量のタリウムがよう化ナトリウム結晶などに入れて用いられます。
(2)～(5) 記述のとおりです。

正解 (1)

【問題29】解説

　熱ルミネッセンス線量計（TLD線量計，熱蛍光線量計）は，加熱によって吸収した放射線のエネルギーに比例した光を発する熱ルミネッセンス物質（熱蛍光物質）を利用した線量計で，積算線量を知ることができます。

　LiF，CaF_2，$CaSO_4$，$SrSO_4$などが用いられます。Tm（ツリウムという元素）イオンでドープ（濃液処理あるいはドーピング）して効果を高めた$CaSO_4$は，$CaSO_4$：Tmのように表されます。他にTb（テルビウム）などもドープに使われます。

第2回 模擬テスト 解説と正解

　熱ルミネッセンス物質をロッド状，ペレット状あるいはシート状に成形して素子とし，ホルダーに収めて使います。

　リーダ（読み取り装置）で積算線量を読み取った後，200～400℃で数分～数十分のアニーリングをすることで再使用できます。

　広いエネルギー範囲の線量（1μSv～100Sv）を測定できますし，感度もよく小型で1cm線量当量の測定が可能ですが，エネルギー依存性があるのでフィルタを使用して感度補正します。一度加熱して線量を読み取る際に失敗してしまうと，再読み取りができなくなります。

(1)　記述は誤りです。熱ルミネッセンス線量計は，フィルムバッジより最低検出線量が小さいです。
(2)　記述は誤りです。グロー曲線は，温度と蛍光強度との関係を示すものです。
(3)　記述のとおりです。熱ルミネッセンス線量計は，被ばく線量を読み取るために素子を加熱するので，線量の読み取りに失敗すると再度読み取ることは不可能です。
(4)　記述は誤りです。線量の測定範囲は，フィルムバッジより広く，1μSv～100Sv程度となっています。
(5)　記述は誤りです。熱ルミネッセンス線量計では，素子ごとに若干の感度のばらつきがあります。

正解　(3)

【問題30】解説

　図にあるように，金属のフィルタに挟(はさ)まれた個人ごとの検出フィルムによって被ばくを測定します。

142

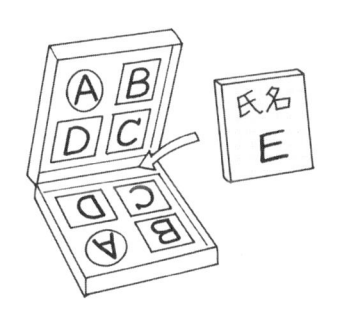

3. エックス線の測定

```
エックス線用フィルタ X-1型
(エネルギー範囲 23～80keV)

A：フィルタなし
B：Al    1.4mm
C：Cu   0.2mm + Al 1.2mm
D：Pb   2.0mm

Eには個人名を記入し，
ABCDに重ねてふたを閉じ
個人ごとに着用します。
```

図　フィルムバッジの構造

　フィルムには銀（Ag）や臭素（Br）を含む乳剤が塗布されており，これらの原子は原子番号が大きいことからエックス線に対して光電効果を起こしやすいことを利用して，被ばくを検出します。

　エックス線作業従事者が作業を行う場合に胸につけておき，通常は1ヶ月後に現像して，被ばく線量がわかっている標準フィルムと比較することで，その期間中に受けた被ばく線量を推定します。

　数種類の金属フィルタをつける理由は，線質依存性があることです。すなわち，同じ照射線量でも線質（エネルギー）によって濃度が異なりますので，これを補正するためです。

　測定する範囲を拡大するために，感度の異なる複数のフィルムを入れることがあります。JISでは，エックス線用のフィルムバッジの窓にはアルミニウムおよび銅のフィルタをつけることとされています。フィルムの現像や線量の算定は，専門の機関に依頼します。

第2回 模擬テスト 解説と正解

　測定範囲は，0.1〜7mSvで，1ヶ月などの比較的長期間の測定に適しており，線量データを永久保存できます。しかし，湿度70%以上で保管したり，高温の場所で使用したりすると，像が薄くなる潜像退行現象（フェーディング）が大きくなります。

　フィルムバッジから線量を求める場合には，コントロールフィルム（比較対象とするバックグラウンド測定用フィルム）の線量を引き算して補正します。

　なお，近年では，銀資源の枯渇問題と現像処理液の廃液による環境汚染を防ぐために，この方法はあまり用いられなくなっています。ただし，試験には出題されることがありますので，確認しておきましょう。

(1) 記述は誤りです。フィルムバッジの装着部位によっては，方向依存性を考慮する必要があります。
(2) 記述は誤りです。エックス線用フィルムバッジでは，アルミニウムは用いられますが，鉄やステンレスなどは用いられません。他に用いられている金属としては，銅やすず，鉛などがあります。
(3) 記述のとおりです。フィルムバッジは，入射したエックス線の平均的なエネルギーを推定することが可能です。
(4) 記述は誤りです。フィルタ部分の写真濃度比は，入射エックス線のエネルギーによって変化します。
(5) 記述は誤りです。測定可能な下限値は，100μSv程度です。

正解　(3)

3. エックス線の測定

コラム　ニュートンとりんご

　偉大な科学者のニュートンは，りんごが落ちるのを見て月はなぜ落ちないのかを一生懸命考えて，万有引力の法則を見つけたといわれています。

　それにしても，「地動説を唱えることまかりならん」と1616年と1632年の2回も宗教裁判にかけられて，「それでも地球は動く」とつぶやいたと伝えられるガリレオ・ガリレイの没年（1642年）に生まれたニュートンが，既に地動説に基づいて考えていることに驚きます。天才の発想は非常にはやいものとみるべきでしょうか。

第2回 模擬テスト 解説と正解

4. エックス線の生体に与える影響

【問題31】解説

　同じ線量の放射線が照射された場合には、直接作用では放射線が直接に不活性化反応に関与するのですから、不活性化される酵素の分子数は酵素濃度に比例するはずですので、グラフでは右上がりの直線になります。

　これに対して、間接作用では、一定の照射線量において、水分子のラジカル化の度合いが一定なので、一定量のラジカルによって生じる酵素の不活性化数は、酵素濃度によらず一定ということになります。これを希釈効果といいます。

　希釈効果を示す正しいグラフを、次に示します。

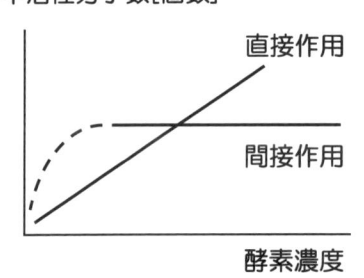

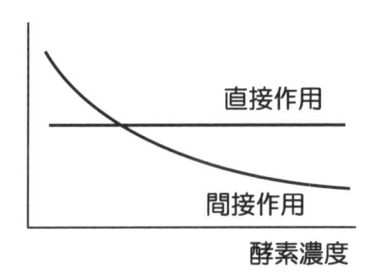

図　希釈効果を示す濃度と効果の関係

正解　(1)

4. エックス線の生体に与える影響

> ラジカルスカベンジャーには，ラジカルを掃除する人という意味があるんですよ

【問題32】 解説

(1) 記述は誤りです。生体には，放射線に対する防御機能もあります。その1つとして細胞は自ら持つ酵素を使ってDNA損傷を修復することもあります。すべての損傷を修復できるとは限りませんが，修復することは可能ですし，あり得ます。

(2) 記述のとおりです。DNA損傷の種類としては，糖の損傷，塩基の損傷，鎖の切断，架橋形成などがあります。

(3) 記述のとおりです。放射線によるDNA損傷によって，細胞が死に至り，組織の機能障害を引き起こすことがあります。

(4) 記述のとおりです。放射線によるDNA損傷によって，突然変異が起こり，がんや遺伝的影響を起こす可能性があります。

(5) 記述のとおりです。生殖細胞での突然変異は遺伝的影響を与える可能性があります。また，すべての細胞の突然変異はがんの原因にもなりえます。

正解 (1)

第2回 模擬テスト 解説と正解

【問題33】解説

(1) 記述は誤りです。放射線のエネルギーや吸収線量は，放射線生物作用の大小に影響を与える因子にはなりますが，細胞の放射線感受性と直接の関係はありません。

(2) 記述は誤りです。放射線に繰り返し被ばくすることも放射線生物作用の大小に影響を与える因子ではありますが，繰り返し被ばくすることによって細胞の放射線感受性が高くなることはありません。

(3) 記述は誤りです。細胞の放射線感受性が，その組織の細胞の大きさによることはありません。

(4) 記述は誤りです。成人の細胞と胎児の細胞を比較すると，成人の細胞の放射線感受性のほうが低いです。DNA合成や細胞分裂がさかんに行われている胎児のほうが高い放射線感受性を持ちます。

(5) 記述のとおりです。平均致死線量は，細胞の中の標的に対し，平均で1個のヒットが生じる線量に当たります。平均致死線量は，細胞の放射線感受性の指標として用いられます。平均致死線量の大きい細胞は放射線感受性が低い細胞で，平均致死線量の小さい細胞は放射線感受性が高い細胞です。

正解 (5)

【問題34】解説

Aの骨髄は，この中では最も幹細胞の分裂が激しいところです。放射線感受性が最も高くなります。逆にCの骨はでき上がった組織ですので，放射線感受性は低くなります。骨と骨髄の違いに留意しましょう。

このように各臓器や器官の放射線感受性に関する順序の問題は，非常によく出ています。しっかり確認しておきましょう。

ドイツの放射線学者ホルトフーゼンは，再生系，中間系，非再生系に

4. エックス線の生体に与える影響

分けて，エックス線感受性の順序を次表のようにまとめています。丸に入った数字は感受性の高さの順序と考えてください。

表　エックス線感受性の順序

区分	組織・器官	上位組織
再生系	①リンパ組織，骨髄，胸腺	造血器官
	②卵巣	生殖腺
	③睾丸	
	④粘膜	
	⑤唾液腺	
	⑥毛のう	皮膚
	⑦汗腺，皮脂腺	
	⑧皮膚	
中間系	⑨漿膜，肺	
	⑩腎臓	
	⑪副腎，肝，膵	
	⑫甲状腺	
	⑬筋肉	
	⑭結合組織，血管	
非再生系	⑮軟骨	骨
	⑯骨	
	⑰神経細胞	神経系
	⑱神経繊維（神経線維）	

正解　(1)

【問題35】解説

(3)の不妊は，確率的影響ではなく，確定的影響に分類されます。確率

第2回 模擬テスト 解説と正解

的影響には，基本的にがん（白血病やその他のがん）や遺伝的影響（遺伝子の突然変異など）が含まれます。

　エックス線の生物作用の中には，線量率や照射の間隔を変化させてもその作用の程度に差がないものがあり，このような場合は**回復**がない現象と考えられている。すなわち，エックス線の照射を受けて障害が発生した生体がもとの状態に戻らない現象を蓄積といっている。
　回復が認められないものとして，**遺伝子の突然変異**や**白血病**などがある。その作用には**しきい値**が存在せず，線量の総和に比例するとされており，言い換えれば，個々の照射の線量は**蓄積**され，作用は**蓄積**線量に比例するとみなされる。

正解　(3)

【問題36】解説

　各器官の放射線感受性の順序は頭に入れておくとよいでしょう。最初はたいへんですが，何度も繰り返し見ていくうちにだんだん順序がわかってくるでしょう。形を変えながらよく出題されています。
　本問に出題されている器官・組織に関して，放射線感受性の順序は次のようになっています。

脾臓＞生殖腺＞消化管上皮（消化管粘膜）＞皮膚上皮＞肺＞腎臓＞甲状腺＞血管＞神経細胞＞神経線維

(1)〜(4)　記述のとおりです。
(5)　脾臓は，造血器官であり，再生系細胞の中でも最も放射線感受性が高い細胞の1つです。

正解　(5)

4. エックス線の生体に与える影響

> 脾臓は再生系細胞の中でも最も放射線感受性が高い細胞の1つなんですね

【問題37】 解説

　動物などが一度全身に被ばくしたときに，線量がある程度の大きさ以上であれば死に至ります。

　問題の図のように横軸に全身の被ばく線量（一回照射）を，縦軸に30日以内に死亡した個体の率をとると，一般にS字状の曲線（**線量死亡率曲線**）になります。

　グラフ上，被ばく線量の0Gyでないところから曲線が立ち上がっていることに留意しましょう。これはしきい値（しきい線量）があることを示しています。

　死亡率50%となる線量をLD_{50}（Lethal dose 50%，**半致死線量**）といいます。観察期間30日以内の死亡率の場合に，$LD_{50/30}$と表されることもあります。全数が死亡する線量はLD_{100}（**全致死線量**）となります。

　LD_{50}の値は，動物の種類ごとの放射線感受性を比較する数値ともなっています。一般に小動物では，LD_{50}の値は相対的に大きいとされています。

　マウスやモルモットの$LD_{50/30}$は，およそ6〜7Gyとなっています。人の場合には，骨髄死を起こす期間がより長いことから，観察期間60

第2回 模擬テスト 解説と正解

日以内の死亡率として，$LD_{50/60}$が用いられることが多くなっています。

(1)~(4) 記述のとおりです。

(5) マウスやモルモットの$LD_{50/30}$は，記述の値ほど小さくはありません。およそ6～7Gyとなっています。

正解 （5）

【問題38】解説

(1) 記述のとおりです。体内被ばくは成人の被ばくよりも単位線量当たりのがんの発生確率が高いとされています。

(2) 記述のとおりです。胎内被ばくによる胎児の奇形の発生は，確定的影響に区分されます。

(3) 記述のとおりです。胎内被ばくを受けて出生した子供にみられる発育不全は，確定的影響に区分されます。

(4) 記述のとおりです。妊娠時の着床前期の被ばくでは，胚の死亡が起こりうるものの，被ばくしても生き残って発育を続けて出生した子供には，被ばくの影響はみられません。

(5) 記述は誤りです。1945（昭和20）年に落とされた広島および長崎の原爆による胎内被ばくを受けて生まれてきた人々の間で，がんの発生が有意に（統計的に意味がある形として）増加したという報告は，いまのところなされていません。

しかし，胎内被ばくを受けた人々が60歳台に至り，発がん年齢に達してきていますので，さらなる調査の継続が必要です。

正解 （5）

4. エックス線の生体に与える影響

> 胎内被ばくによる胎児の奇形の発生は，確定的影響に区分されるんですね

【問題39】解説

(1) 記述のとおりです。細胞の生存曲線において，その細胞集団の半数の細胞を死に至らせる線量をLD_{50}といいます。
(2) 記述は誤りです。生物学的効果比であるRBEは，生物の種類についてではなく，放射線の種類についての指標です。
(3) 記述のとおりです。酸素増感比（OER）は，生体内に酸素がない場合とある場合とで，同じ効果を引き起こすのに必要な線量の比によって，酸素効果の程度を示したものです。
(4) 記述のとおりです。LETは線エネルギー付与ということであり，これは放射線の飛跡に沿った単位当たりのエネルギー付与であって，放射線の生物学的効果は，吸収線量が同じでもLETの大きさによって異なります。
(5) 記述のとおりです。

正解 (2)

【問題40】解説

形を変えながらよく出題される問題です。図の意味と数字の傾向，そ

第2回 模擬テスト 解説と正解

して，それぞれの領域の主たる死因を押さえておきましょう。
Aは骨髄死，Bは腸死，Cは中枢神経死が相当します。

(1) 記述のとおりです。腸死の領域における平均生存日数はおよそ数日であって，線量に関わらずほぼ一定であるという傾向があります。
(2) 記述のとおりです。Aの骨髄死領域よりもさらに線量の低い領域では，死に至らずに障害が回復します。
(3) 記述のとおりです。Cの中枢神経死領域における平均生存日数はおよそ1日程度です。
(4) 記述は誤りです。被ばく線量数Gyは，Bの腸死領域ではなく，Aの骨髄死領域に存在します。
(5) 記述のとおりです。Aの骨髄死領域における主な死因は，造血臓器の障害であり，Cの中枢神経死領域のそれは，中枢神経障害となります。

正解 (4)

4. エックス線の生体に与える影響

コラム 電磁波とは

　電磁波とは，低周波や電波から，私たちが眼にしている可視光線，あるいはよく使われている紫外線や赤外線，ひいてはエックス線やガンマ線までを総称するものです。

　これらは光子ともいわれ，電界と磁界の振動で進む波のことです。これらはその波長に反比例，すなわち振動数に比例したエネルギーを持ちますので，弱くて全く害にならないものから，強くて人体にきわめて有害なものまであります。

　エックス線とガンマ線は波長で境界が決められているのではなく，原子核から発生するものをガンマ線，そうでないものをエックス線と定義しています。

付録

受験前のチェック！

重要事項.

1. エックス線の管理

●原子の成り立ち

原子核の半径	$10^{-15} \sim 10^{-14}$ [m] 程度
電子の拡がり	10^{-10} [m] 程度
電子の半径	2.8×10^{-15} [m]
原子核密度	10^{14} [g/cm^3]
電子の質量	9.1×10^{-31} [kg]
陽子・中性子の質量	1.7×10^{-27} [kg]
	（電子の質量の約1,840倍）

●水素原子とヘリウム原子の構造

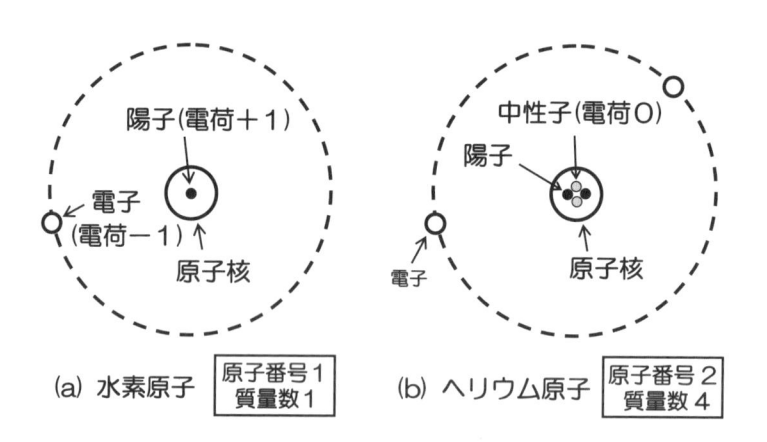

(a) 水素原子　原子番号1　質量数1

(b) ヘリウム原子　原子番号2　質量数4

●質量とエネルギーの相互変換

$E = mc^2$

●水素の同位元素

水素の種類	記号	陽子数	中性子数	質量数
水素	Hまたは^1H	1	0	1
重水素	Dまたは^2H	1	1	2
三重水素	Tまたは^3H	1	2	3

●原子核の周りの電子の殻（層，軌道）

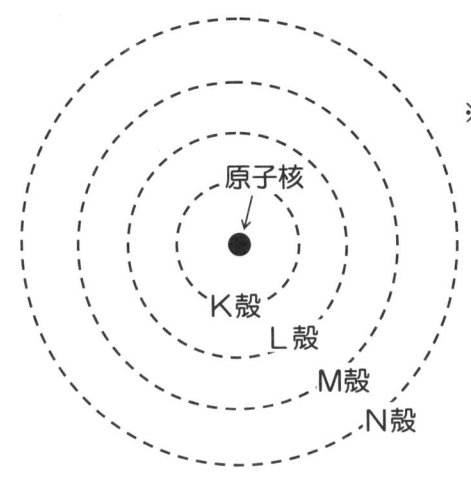

※内側からn番目の殻には最大$2n^2$個まで入る

K殻　最大　2個
L殻　最大　8個
M殻　最大 18個
N殻　最大 32個

●電磁波における電場と磁場

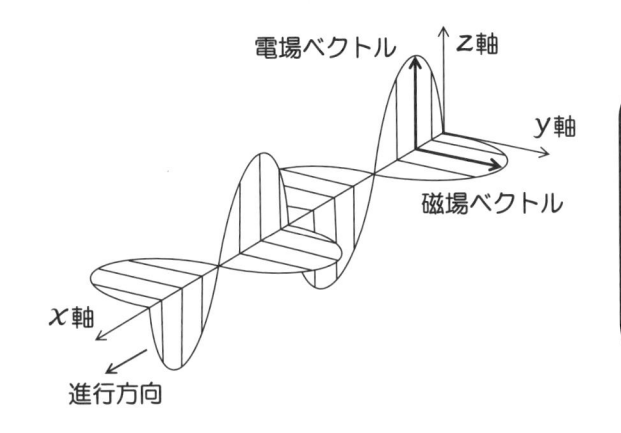

ポイント
電場の変化が磁場の変化を生じ，磁場の変化が電場を変化させて，進んでいきます

●電磁波の種類

波長		
10 km	長波 中波 短波 超短波	低周波 電波
1 m	VHF	
	UHF SHF EHF	マイクロ波
1 mm		赤外線
380 nm		可視光線
	UVA UVB UVC	紫外線
1 nm		X線
1 pm		γ線

●エックス線とガンマ線のエネルギー領域と波長領域

	エネルギー領域	波長領域
エックス線	0.01keV～ 1MeV＊1	約 $10～10^{-3}$nm($10^{-8}～10^{-12}$m)
ガンマ線	10keV～ 1GeV＊2	約 $10^{-1}～10^{-6}$nm($10^{-10}～10^{-15}$m)

＊1　M(メガ)＝10^6, 1eV(エレクトロンボルト)＝$1.602×10^{-19}$J(ジュール)
＊2　G(ギガ)＝10^9

●エックス線の性質

・磁界や電界によって曲がらない。このことはエックス線が帯電粒子(電荷を帯びた粒子)の流れではないことを意味する。

・結晶にぶつかる際，回折して干渉する。回折とは通路の影の部分に

も回り込むことで，干渉とは別経路のものどうしが強めあったり弱めあったりすることである。
- 物質に当たると電子（**光電子**）を発生する。これを**光電効果**という。
- 写真フィルムを感光する（**化学作用**）。
- 蛍光板に当てると蛍光を発する（**蛍光作用**）。
- 細胞に当たると細胞が壊れる（**生理作用**）。
- 短波長のエックス線ほど，物質をよく透過し，その透過力は物質の密度に反比例する（**透過作用**）。
- 気体を電離してイオンにして，気体に電気伝導性を与える（**電離作用**）。

●エックス線の分類

分類	エネルギー
超軟エックス線	0.01keV ～ 0.1keV
軟エックス線	0.1keV ～ 10keV
硬エックス線	100keV ～ 1MeV

●エックス線の線質の特徴

	透過力	半価層	波長	エネルギー
硬いエックス線	強い	厚い	短い	高い
軟らかいエックス線	弱い	薄い	長い	低い

● **連続エックス線の発生**

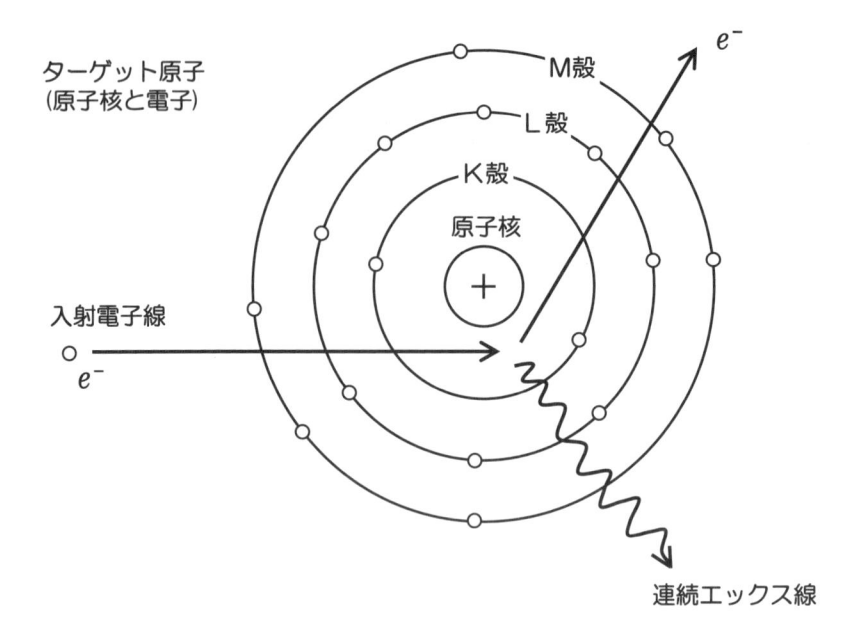

ターゲット原子
(原子核と電子)

M殻
L殻
K殻
原子核

入射電子線

連続エックス線

● **エックス線の強度 I** (光子個数 [$cm^{-2} \cdot s^{-1}$], あるいは線量率)

$I = kiZV^2$

$\eta = kZV$

Z：ターゲット原子の原子番号
i：エックス線管の管電流
V：管電圧
k：比例定数（約 $10^{-6} kV^{-1}$）
η：エックス線の発生効率（一般に0.8程度）

●特性エックス線の発生

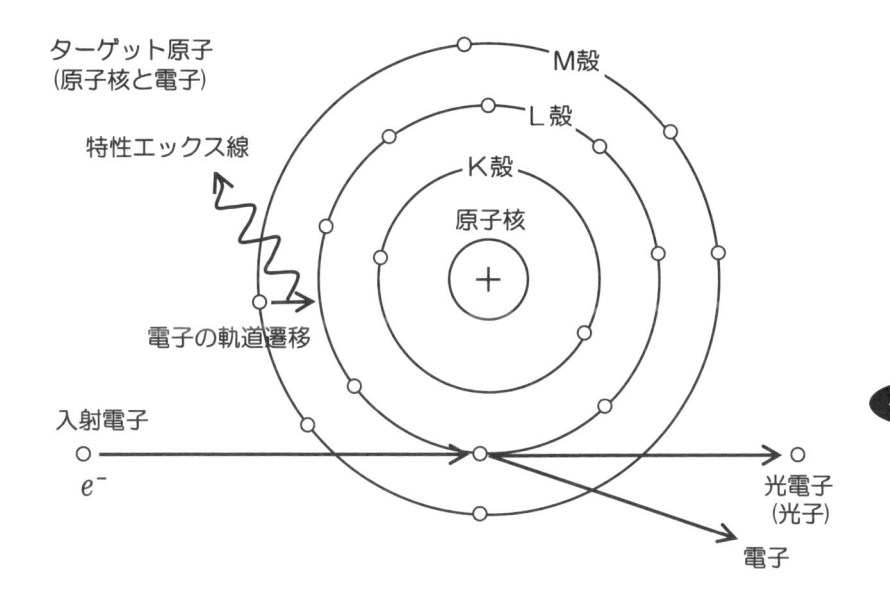

（図：ターゲット原子（原子核と電子）、特性エックス線、電子の軌道遷移、入射電子 e^-、K殻、L殻、M殻、原子核、光電子（光子）、電子）

●モーズリーの法則

$$\sqrt{h\nu} = k\,(Z-S)$$

Z：原子番号
kおよびS：定数
h：プランク定数
ν：特性エックス線の振動数

●エックス線の透過による減弱（減衰）

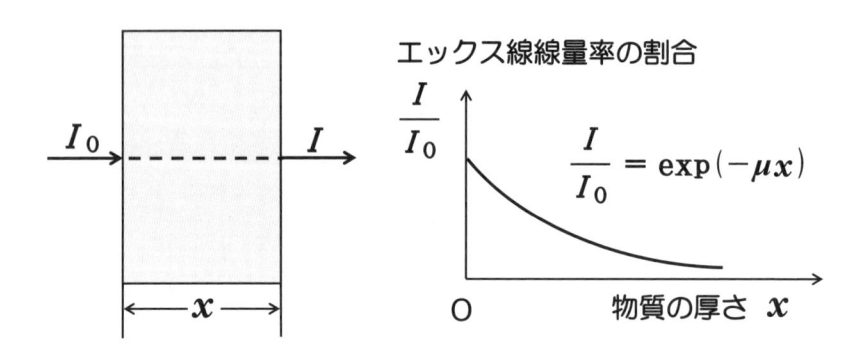

$$\frac{I}{I_0} = \exp(-\mu x)$$

●半価層
エックス線の強さが半分になる厚さ（$x_{0.5}$, $x_{1/2}$）

●1/m 価層
強さが $1/m$ になる厚さ（I は透過強度，I_0 は透過前強度）

$$x_{0.5} = -\frac{1}{\mu}\log\frac{1}{2} = \frac{0.693}{\mu} \quad (\log 2 = \log_e 2 = 0.693)$$

$$\frac{I}{I_0} = 2^{-\frac{x}{x_{0.5}}} = \left(\frac{1}{2}\right)^{\frac{x}{x_{0.5}}}$$

$$1/m \text{ 価層} = \frac{\log_e m}{\mu} = \frac{\log_e m}{0.693} \times x_{0.5}$$

$$\frac{I}{I_0} = \left(\frac{1}{m}\right)^{\frac{x}{x_{1/m}}}$$

●質量減弱係数（質量吸収係数）

$\mu_m = \mu/\rho$ [$g^{-1} \cdot cm^2$] （ρは物質密度）

$I = I_0 \exp(-\mu_m \cdot \rho \cdot x)$

●対数目盛による線量率のグラフ

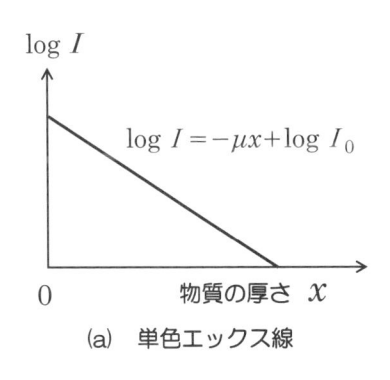

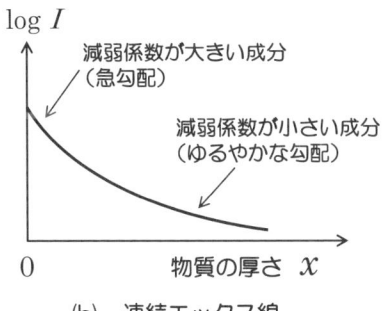

(a) 単色エックス線： $\log I = -\mu x + \log I_0$

(b) 連続エックス線：減弱係数が大きい成分（急勾配）、減弱係数が小さい成分（ゆるやかな勾配）

●光電効果

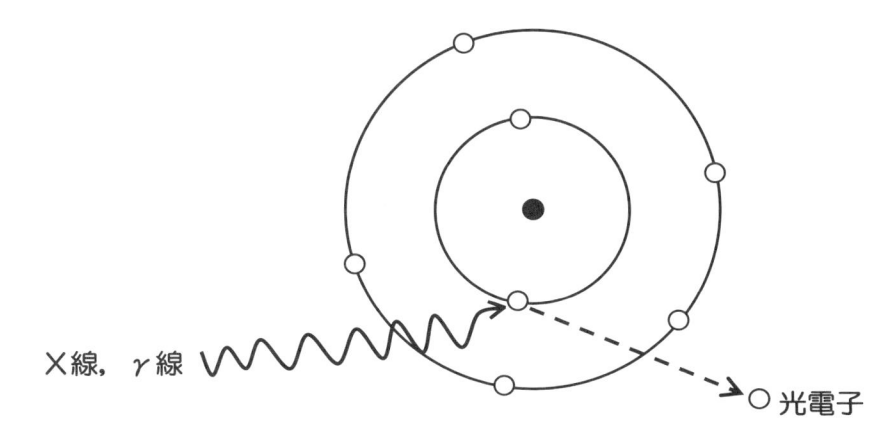

X線，γ線 → 光電子

●コンプトン散乱

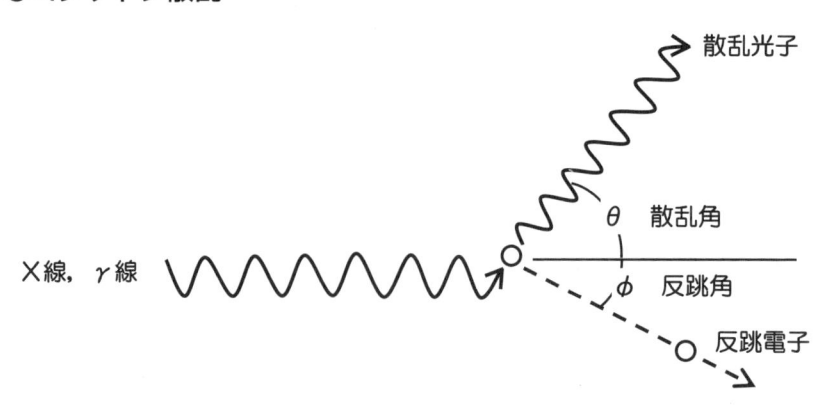

X線, γ線 散乱光子 θ 散乱角 φ 反跳角 反跳電子

●電子対生成

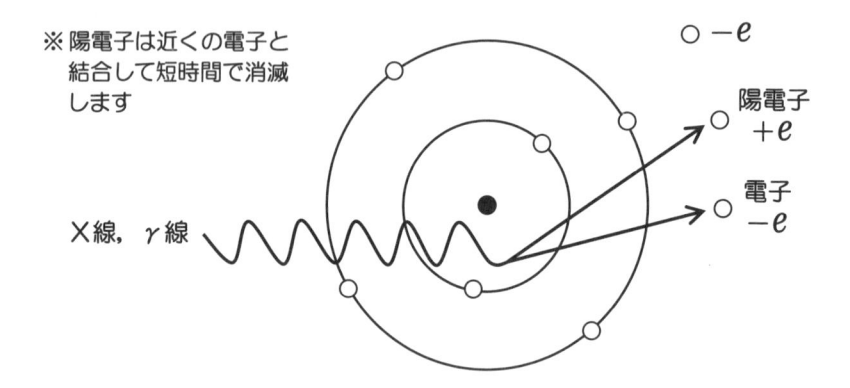

※陽電子は近くの電子と結合して短時間で消滅します

X線, γ線 ○ −e 陽電子 +e 電子 −e

●エックス線の透過における物質との相互作用

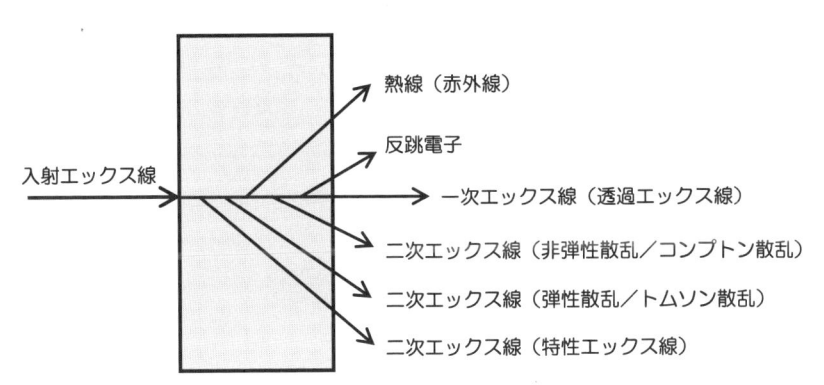

入射エックス線 →
- 熱線（赤外線）
- 反跳電子
- 一次エックス線（透過エックス線）
- 二次エックス線（非弾性散乱／コンプトン散乱）
- 二次エックス線（弾性散乱／トムソン散乱）
- 二次エックス線（特性エックス線）

●エックス線のエネルギー領域と支配的な効果

エックス線のエネルギー領域	支配的な効果
低エネルギー領域	光電効果 τ
中エネルギー領域	コンプトン散乱 σ_C
高エネルギー領域	電子対生成 κ

●エックス線の発生装置

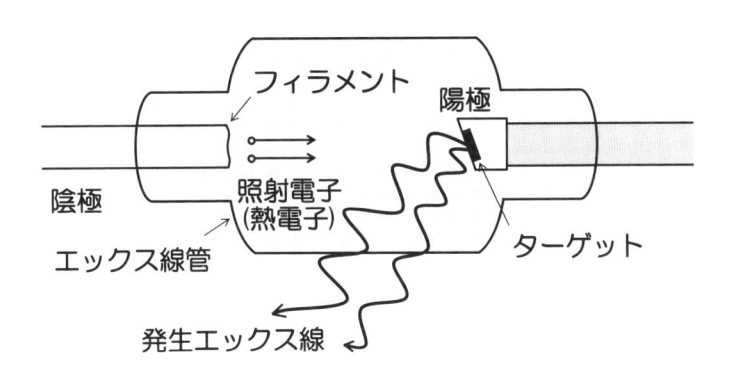

- フィラメント
- 陽極
- 陰極
- 照射電子（熱電子）
- エックス線管
- ターゲット
- 発生エックス線

●一体型と分離型の装置構成

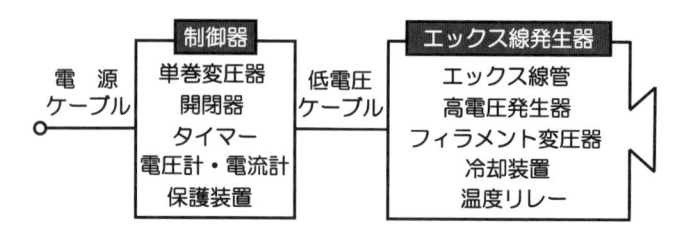

```
                  ┌─制御器──────┐   ┌─エックス線発生器─┐
                  │ 単巻変圧器   │   │ エックス線管      │
   電源           │ 開閉器       │低電圧│ 高電圧発生器    │
   ケーブル ──────│ タイマー     │ケーブル│ フィラメント変圧器│
                  │ 電圧計・電流計│   │ 冷却装置         │
                  │ 保護装置     │   │ 温度リレー       │
                  └──────────────┘   └──────────────────┘
```

一体型(携帯式)エックス線装置の構成

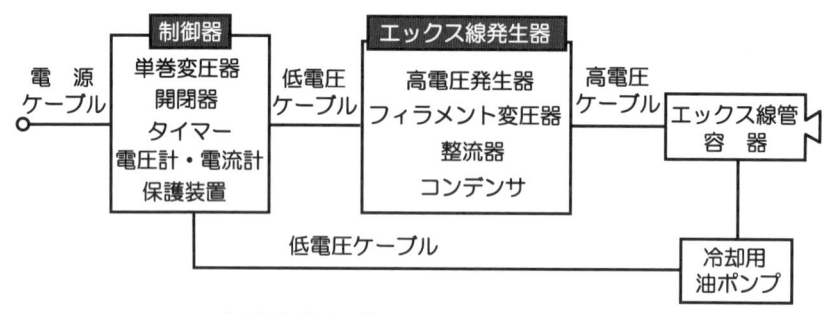

```
                ┌─制御器──────┐ ┌─エックス線発生器─┐        ┌─────────┐
                │ 単巻変圧器   │ │ 高電圧発生器      │高電圧  │エックス線管│
  電源          │ 開閉器       │低電圧│ フィラメント変圧器│ケーブル│ 容器      │
  ケーブル ─────│ タイマー     │ケーブル│ 整流器          │────────│          │
                │ 電圧計・電流計│ │ コンデンサ       │        └─────────┘
                │ 保護装置     │ │                   │              │
                └──────────────┘ └──────────────────┘        ┌─────────┐
                         └──────低電圧ケーブル──────────────│冷却用    │
                                                              │油ポンプ │
                                                              └─────────┘
```

分離型(据置式)エックス線装置の構成

●エックス線管球の内部構造

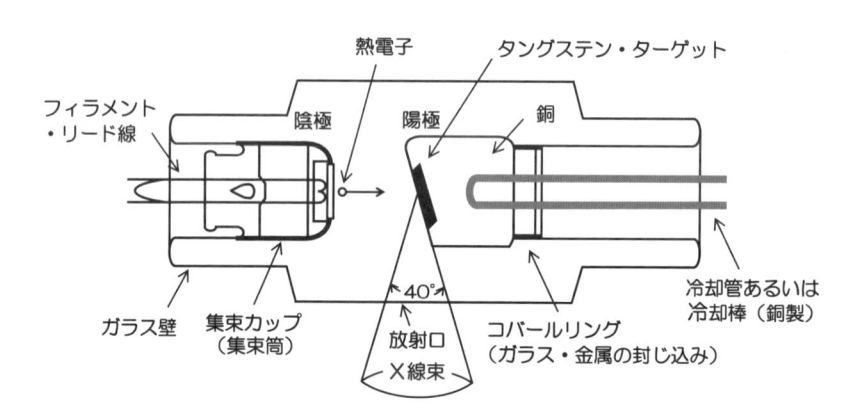

図中ラベル:
- フィラメント・リード線
- 陰極
- 熱電子
- タングステン・ターゲット
- 陽極
- 銅
- ガラス壁
- 集束カップ(集束筒)
- 放射口
- 40°
- X線束
- コバールリング(ガラス・金属の封じ込め)
- 冷却管あるいは冷却棒(銅製)

●エックス線管の電流と電圧の関係

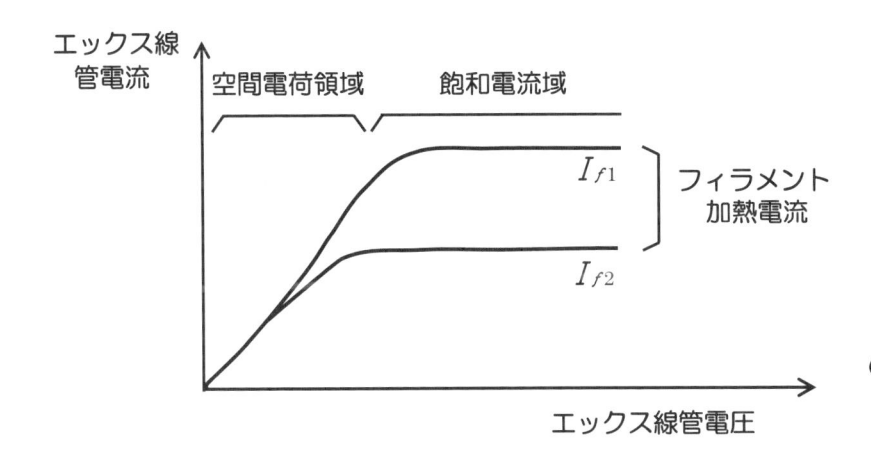

[図: エックス線管電流とエックス線管電圧の関係グラフ。空間電荷領域と飽和電流域を示し、フィラメント加熱電流 I_{f1}、I_{f2} の2本の曲線]

重要事項

●実焦点と実効焦点

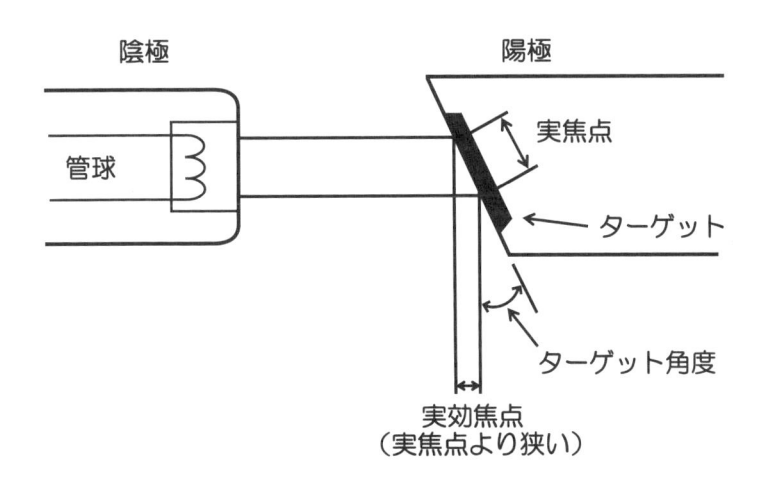

[図: 陰極（管球、フィラメント）と陽極（ターゲット）の構造図。実焦点、ターゲット、ターゲット角度、実効焦点（実焦点より狭い）を示す]

●自己整流型エックス線発生装置

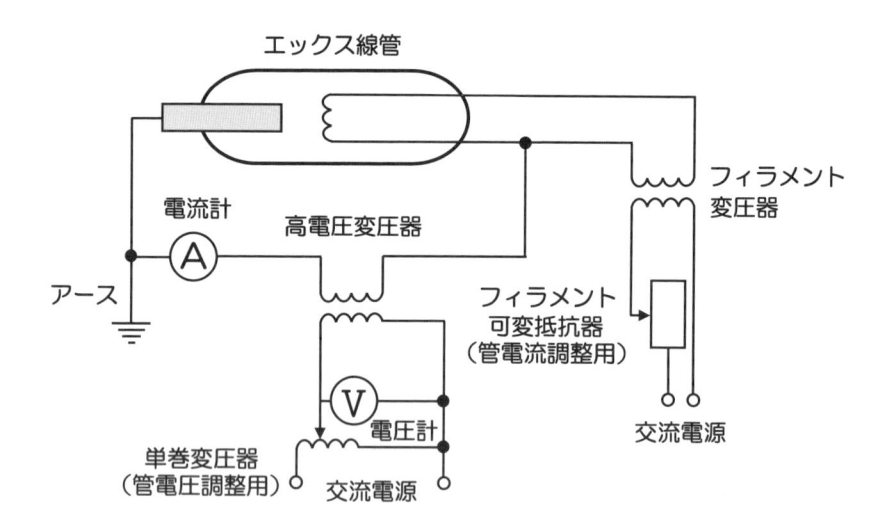

●半波および全波の整流回路

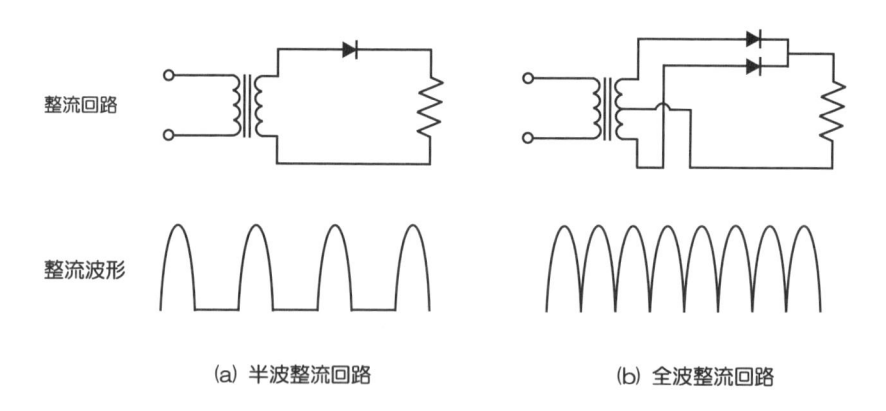

(a) 半波整流回路

(b) 全波整流回路

●医療用エックス線装置の区分と空気カーマ率

エックス線装置の区分	地点	空気カーマ率
治療に使用するエックス線装置で波高値による定格管電圧が50kV以下のもの	エックス線装置の接触可能表面から5cm	10mGy/h
治療に使用するエックス線装置で波高値による定格管電圧が50kVを超えるもの	エックス線管の焦点から1m	10mGy/h
	エックス線装置の接触可能表面から5cm	300mGy/h
口内法に使用するエックス線装置で波高値による定格管電圧が125kV以下のもの	エックス線管の焦点から1m	250μGy/h
その他のエックス線装置	エックス線管の焦点から1m	1.0mGy/h

●工業用等エックス線装置の区分と空気カーマ率

エックス線装置の区分	空気カーマ率
波高値による定格管電圧が200kV未満のエックス線装置	2.6mGy/h
波高値による定格管電圧が200kV以上のエックス線装置	4.3mGy/h

●漏えい線，前方散乱線および後方散乱線

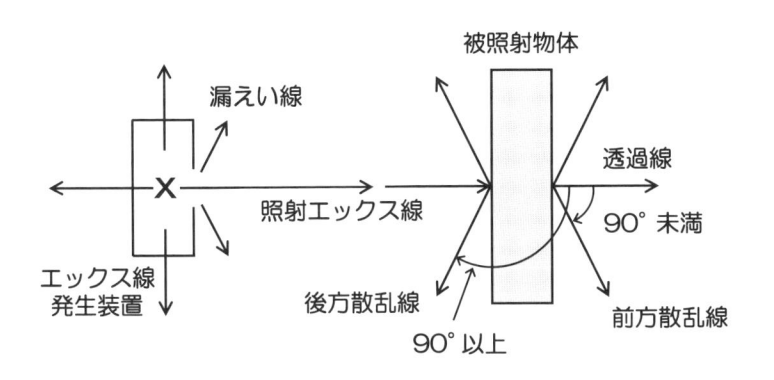

●前方散乱線 空気カーマ率の散乱角依存性

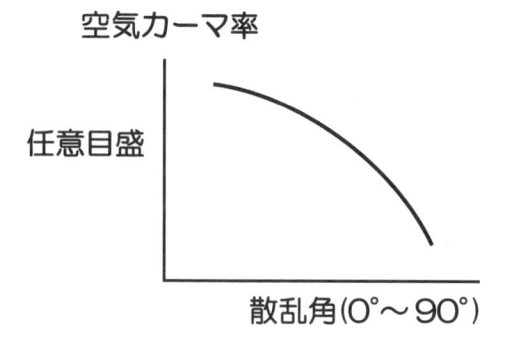

空気カーマ率
任意目盛

散乱角(0°〜90°)

●前方散乱線 空気カーマ率の管電圧および物質厚さ依存性

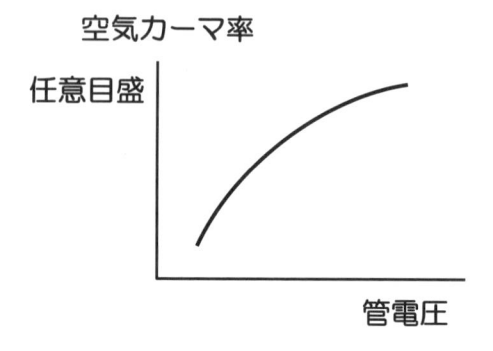

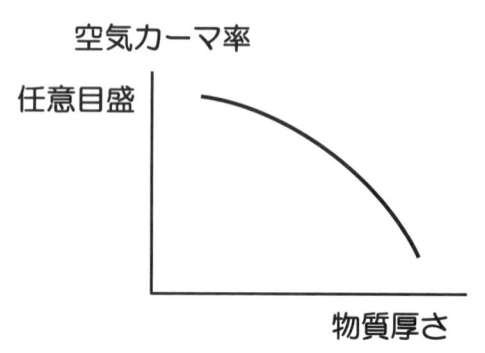

空気カーマ率
任意目盛

管電圧

空気カーマ率
任意目盛

物質厚さ

●後方散乱線 空気カーマ率の散乱角依存性

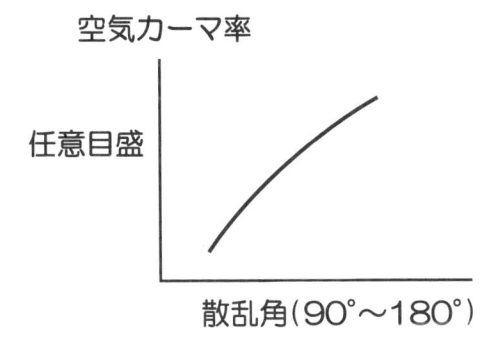

縦軸：空気カーマ率（任意目盛）
横軸：散乱角（90°〜180°）

●後方散乱線 空気カーマ率の管電圧および物質厚さ依存性

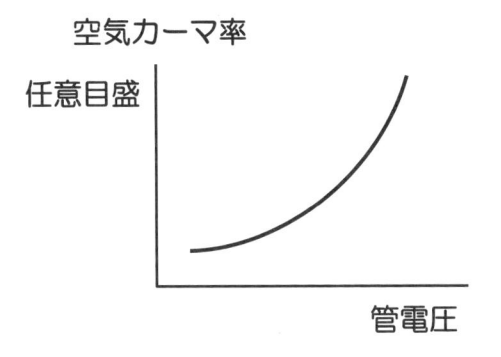

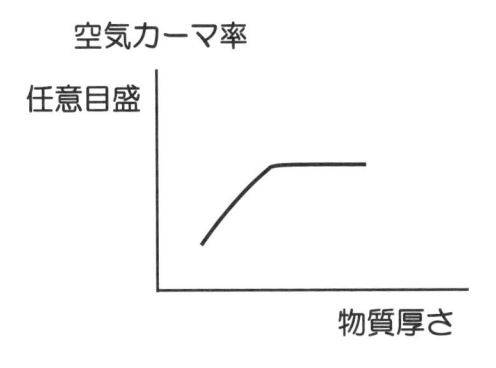

縦軸：空気カーマ率（任意目盛）
横軸：管電圧

縦軸：空気カーマ率（任意目盛）
横軸：物質厚さ

重要事項

2. 関係法令

●電離則第１条, 第２条第１項

> （放射線障害防止の基本原則）
> 第１条　事業者は, 労働者が電離放射線を受けることをできるだけ少なくするように努めなければならない。

> （定義等）
> 第２条　この省令で「電離放射線」とは, 次の粒子線または電磁波をいう。
> 一　アルファ線, 重陽子線および陽子線
> 二　ベータ線および電子線
> 三　中性子線
> 四　ガンマ線およびエックス線

●外部被ばくにおける線量の測定部位

条件		男性, 妊娠しない女性	妊娠可能女性
体幹部への均等被ばくの場合		胸部 （１ヶ所）	腹部 （１ヶ所）
不均等被ばくの場合	頭・頸部が最も被ばくする場合	頭・頸部と胸部 （２ヶ所）	頭・頸部と腹部 （２ヶ所）
	胸・上腕部が最も被ばくする場合	胸部 （１ヶ所）	胸部, 腹部 （２ヶ所）
	腹・大腿部が最も被ばくする場合	胸部, 腹部 （２ヶ所）	腹部 （１ヶ所）
	上記以外の部位が最も被ばくする場合	胸部, 当該部位	腹部, 当該部位

●線量計の装着部位

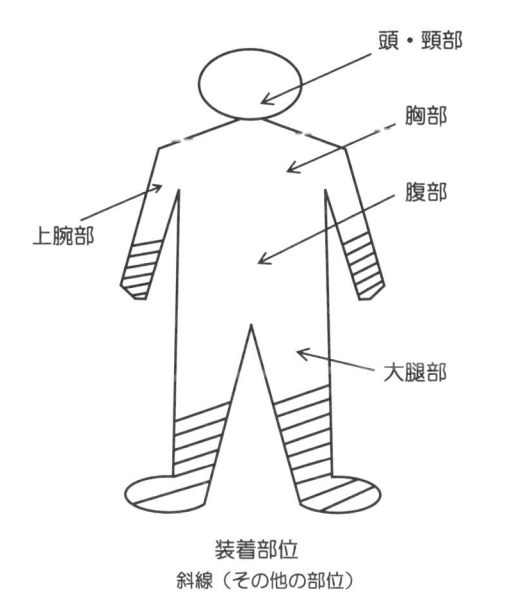

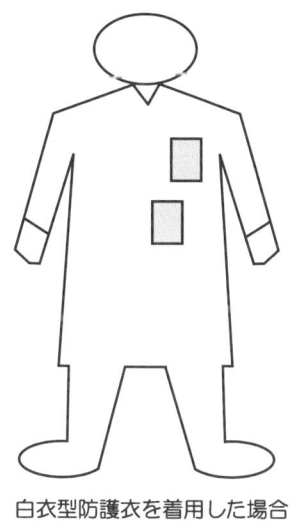

頭・頸部
胸部
腹部
上腕部
大腿部

装着部位
斜線（その他の部位）

白衣型防護衣を着用した場合
□部（防護衣内側に装着）

重要事項

●掲示すべき内容

装置または機器	掲示事項
サイクロトロン，ベータトロンその他の荷電粒子を加速する装置	装置の種類，放射線の種類および最大エネルギー
放射性物質を装備している機器	機器の種類，装備している放射性物質に含まれた放射性同位元素の種類および数量（単位ベクレル），当該放射性物質を装備した年月日ならびに所有者の氏名または名称

●緊急措置

> 事故が発生した場合や診療が必要になった労働者がいる場合は，労働基準監督署長に報告する必要があります

●電離則第46条

> （エックス線作業主任者の選任）
> 第46条　事業者は，令第6条第5号に掲げる作業については，エックス線作業主任者免許を受けた者のうちから，管理区域ごとに，エックス線作業主任者を選任しなければならない。

●エックス線装置を用いて行う透過写真撮影業務における特別教育規程

科目	範囲	時間
透過写真の撮影の作業の方法	作業の手順，電離放射線の測定，被ばく防止の方法，事故時の措置	1時間30分以上
エックス線装置の構造および取扱いの方法	エックス線装置の原理，エックス線装置のエックス線管，高電圧発生器および制御器の構造および機能，エックス線装置の操作および点検	1時間30分以上
電離放射線の生体に与える影響	電離放射線の種類および性質，電離放射線が生体の細胞，組織，器官および全身に与える影響	30分以上
関係法令	労働安全衛生法，労働安全衛生法施行令，労働安全衛生規則および電離放射線障害防止規則中の関係条項	1時間以上

●総括安全衛生管理者を選任すべき事業場と労働者数

業種	選任すべき事業場の労働者数
林業，鉱業，建設業，運送業，清掃業	100人以上
製造業，電気業，ガス業，熱供給業，水道業，通信業，各種商品卸売業，同小売業，家具・建具・じゅう器等卸売業，同小売業，燃料小売業，旅館業，ゴルフ場業，自動車整備業，機械修理業	300人以上
その他の業種	1,000人以上

●業種区分と選任すべき衛生管理者

業種区分	選任すべき衛生管理者
農林畜水産業，鉱業，建設業，製造業，電気業，ガス業，水道業，熱供給業，運送業，自動車整備業，機械修理業，医療業，清掃業	第1種衛生管理者免許，衛生工学衛生管理者免許，または厚生労働省令で定める資格
その他の業種	第1種衛生管理者免許，第2種衛生管理者免許，衛生工学衛生管理者免許，または厚生労働省令で定める資格

●常時使用する労働者数と衛生管理者の数

常時使用する労働者数	衛生管理者の数
50人以上，200人以下	1人以上
200人を超え，500人以下	2人以上
500人を超え，1,000人以下	3人以上
1,000人を超え，2,000人以下	4人以上（うち1人以上は専任）
2,000人を超え，3,000人以下	5人以上（うち1人以上は専任）
3,000人を超える	6人以上（うち1人以上は専任）

重要事項

●安全委員会を置くべき業種と条件

業種	常時働く労働者数
林業，鉱業，建設業，製造業の一部の業種（木材・木製品製造業，化学工業，鉄鋼業，金属製品製造業および輸送用機械器具製造業），運送業の一部の業種（道路貨物運送業および港湾運送業），自動車整備業，機械修理業ならびに清掃業	50人以上
運送業（上欄に掲げる業種を除く），製造業（物の加工業を含み，上欄に掲げる業種を除く），電気業，ガス業，熱供給業，水道業，通信業，各種商品卸売業，家具・建具・じゅう器等卸売業，各種商品小売業，家具・建具・じゅう器小売業，燃料小売業，旅館業，ゴルフ場業	100人以上

●安全衛生管理体制（1,000人までの事業場）

名称	事業場規模（常時労働者の数）
総括安全衛生管理者	製造業では300人以上で選任
衛生管理者	50～200人：衛生管理者1人以上が必要
	201～500人：衛生管理者2人以上が必要
	501～1,000人：衛生管理者3人以上が必要
	有害業務30人以上を含む501人以上：衛生管理者3人以上が必要（うち1人は専任，1人は衛生工学衛生管理者から選任）
産業医	50人以上で選任
	エックス線などの有害業務従事者500人以上：専属で選任
衛生委員会	50人以上で設置が必要
安全衛生推進者	10人以上50人未満で専属者が必要

●安全衛生管理体制（1,000人を超える事業場）

名称	事業場規模（常時労働者の数）
総括安全衛生管理者	1,000人を超える場合，すべての業種で選任
衛生管理者	1,001～2,000人：衛生管理者4人以上が必要（うち1人は専任）
	2,001～3,000人：衛生管理者5人以上が必要（うち1人は専任）
	3,001人～：衛生管理者6人以上が必要（うち1人は専任）
	有害業務30人以上を含んで1,000人を超える場合：衛生管理者3人以上が必要（うち1人は専任，1人は衛生工学衛生管理者から選任）
産業医	（エックス線などの有害業務従事者500人以上を含む）専属で選任
	3,001人～：2人以上の産業医が必要
衛生委員会	設置が必要

●安全衛生管理体制（元方事業者を含む複数事業者）

名称	事業場規模（常時労働者の数）
統括安全衛生責任者	50人以上（一部の業種では30人以上）で選任
安全衛生責任者	統括安全衛生責任者が選任された場合に，事業者ごとに選任

重要事項

3. エックス線の測定

●検出器の作用原理と実例

作用原理の種類		検出器の例
電離作用（イオン化作用）		気体の電離を利用：電離箱，比例計数管，ガイガー・ミュラー管（GM管） 固体の電離を利用：半導体検出器
蛍光作用	シンチレーション作用	シンチレーション検出器
	熱蛍光作用（熱ルミネッセンス作用）	熱ルミネッセンス線量計
	光蛍光作用（ラジオフォト・ルミネッセンス作用）	ガラス線量計
	光蛍光作用（光刺激ルミネッセンス作用）	酸化アルミニウム線量計
化学作用	写真作用	フィルムバッジ
	その他の化学作用	鉄線量計，セリウム線量計

●荷電粒子の測定原理

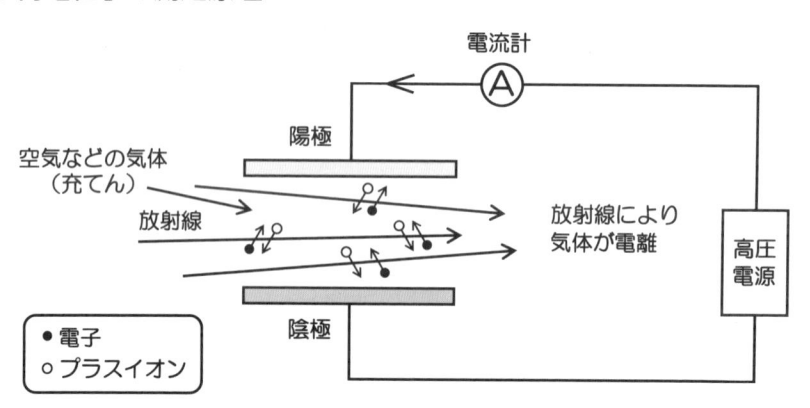

●イオン対の数と印加電圧の関係

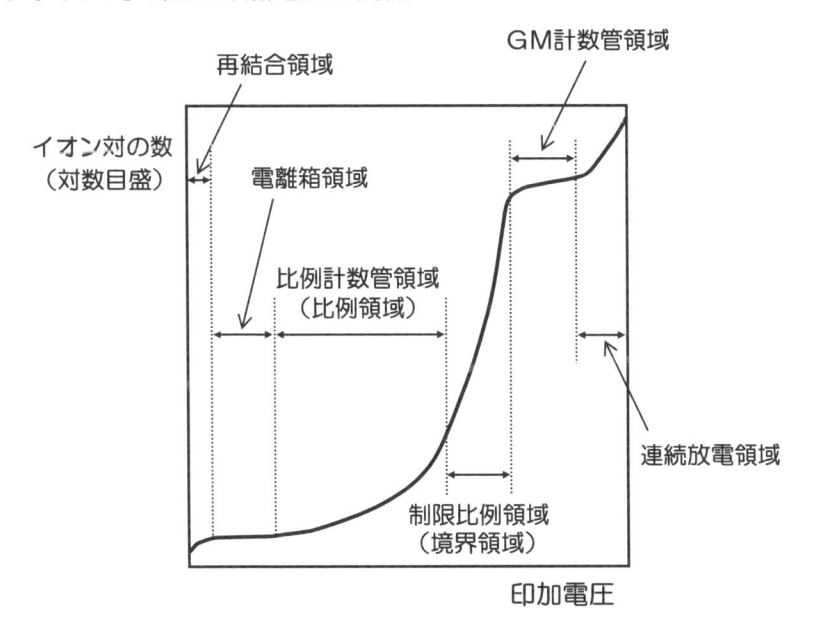

（図：印加電圧に対するイオン対の数の変化。再結合領域、電離箱領域、比例計数管領域（比例領域）、制限比例領域（境界領域）、GM計数管領域、連続放電領域）

●減衰関数（左）と漸近関数（右）

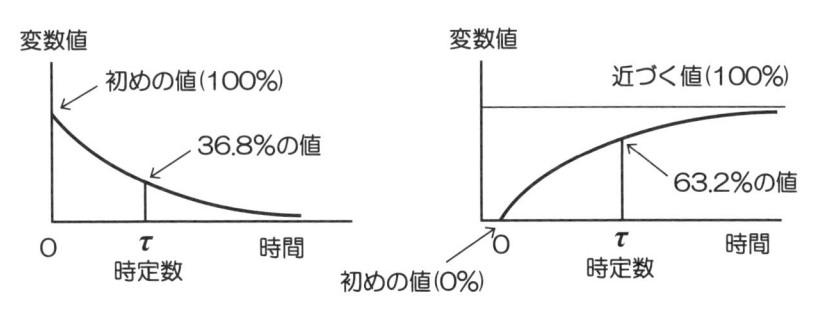

左図：初めの値(100%)から減少し、時定数 τ で 36.8%の値となる。

右図：初めの値(0%)から増加し、時定数 τ で 63.2%の値となり、近づく値(100%)に漸近する。

関数形 $x = x_0 \exp\left(-\dfrac{t}{\tau}\right) = x_0 e^{-\frac{t}{\tau}}$　関数形 $x = x_0\left\{1 - \exp\left(-\dfrac{t}{\tau}\right)\right\} = x_0\left(1 - e^{-\frac{t}{\tau}}\right)$

●各種サーベイメータの特徴比較

		電離箱式	GM管式	シンチレーション式	半導体式ポケット型
測定原理		電離電流またはその積算値	放電によるパルス計数	発光によるパルス計数	電離電流またはパルスの係数
特性	エネルギー依存性	非常に良好	電離箱より劣る	GM管より劣る	電離箱より劣る
	下限測定可能範囲	1μSv/h	0.3μSv/h	0.03μSv/h	3μSv/h
	上限測定可能範囲	0.3Sv/h	300μSv/h	30μSv/h	99.99mSv/h
	方向依存性	良好	電離箱より劣る	電離箱より劣る	電離箱より劣る
	安定度	小	大	中	大
	温度・湿度の影響	大	小	小	小
	保守・取扱い	やや面倒	容易	容易	最も容易
測定の適応性	直接線の測定	○	×	×	×
	散乱線または散乱線を多く含む場合の測定	○	×	×	×
	弱い線量の測定	△	○	○	○
	微弱な線量の測定	×	△	○	○
	細い線束の測定	×	○	○	○
	積算線束の測定	○	×	×	○
特記事項		エックス線，ガンマ線に最も有効	高い線量率では窒息現象が起きる。β線測定に向いている	エネルギー依存性大で100keV以下では不向き	エネルギー依存性大で30keV以下では不向き

●個人線量計の各種

	フィルムバッジ	直読式(PD)ポケット線量計	熱ルミネッセンス線量計(TLD)	蛍光ガラス線量計	光刺激ルミネッセンス(OSL)線量計	半導体ポケット線量計
測定可能線量下限 (H_{1cm})	100μSv	10μSv	1μSv	10μSv	10μSv	0.01μSv
1個で測定可能な範囲 (H_{1cm})	100μSv〜700mSv	10μSv〜1mSv	1μSv〜100Sv	10μSv〜30Sv	10μSv〜10Sv	0.01μSv〜99.99μSv/1〜9999μSv
エネルギー特性	大(フィルタ補正可能)	小	大(フィルタ補正可能)	大(フィルタ補正可能)	中(フィルタ補正可能)	小
方向依存性	±90°で−50%	フィルムバッジより小			±20%	
記録保存性	有	無	無	有	有	無
着用中の自己監視	不可	可	不可	不可	不可	可
湿度影響	大	中	中	小	小	中
機械的堅牢さ	大	小	中	中	中	中
ほこりの影響	大	大	−	小	−	−
必要な付属装置	暗室，現像設備，濃度計	荷電器	専用読み取り器	専用読み取り器	−	なし
フェーディング	中	中	中	小	小	無
特記事項	従来広く使用された。測定に日数必要		使用済素子を繰り返し使用できる	繰り返し読み取り可能	繰り返し読み取り可能。可視光アニールでき前処理容易	短期間の被ばく作業の場合に適する

重要事項

183

● フィルムバッジの構造

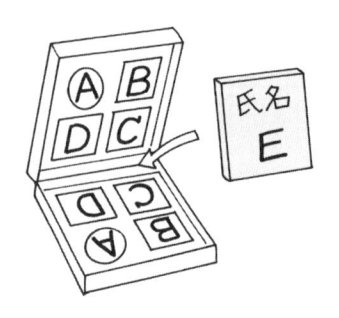

エックス線用フィルタ X－1 型
（エネルギー範囲 23～80keV）

A：フィルタなし
B：Al　1.4mm
C：Cu　0.2mm ＋ Al 1.2mm
D：Pb　2.0mm

Eには個人名を記入し，
ABCDに重ねてふたを閉じ
個人ごとに着用します。

● 直読式ポケット線量計

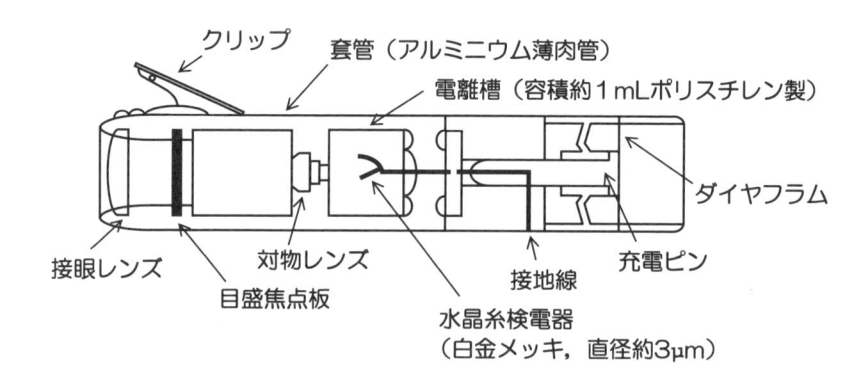

クリップ
套管（アルミニウム薄肉管）
電離槽（容積約1mLポリスチレン製）
ダイヤフラム
接眼レンズ
対物レンズ
目盛焦点板
接地線
充電ピン
水晶糸検電器
（白金メッキ，直径約3μm）

4. エックス線の生体に与える影響

● 希釈効果を示す濃度と効果の関係

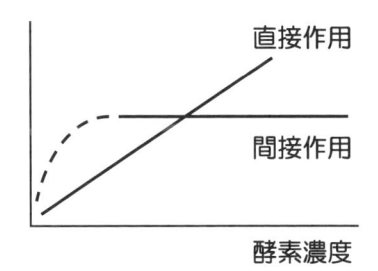

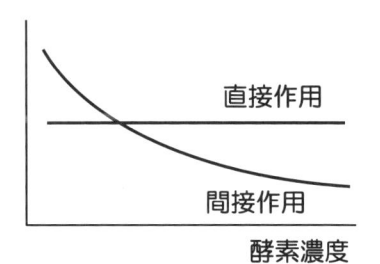

● OER（酸素増感比）

$$\text{OER} = \frac{\text{無酸素下で，ある効果を得るのに必要な放射線量}}{\text{酸素存在下で，同じ効果を得るのに必要な放射線量}}$$

● ベルゴニ・トリボンドの法則
① 細胞分裂の頻度の高いものほど感受性が高い。
② 将来行う細胞分裂の数の大きいものほど感受性が高い。
③ 形態および機能の未分化のものほど感受性が高い。

● 血液細胞の概略

赤血球	血液色素（ヘモグロビン）を含み，これによって酸素輸送をする。
血小板	栓球ともいわれ，血液凝固に関係する成分を放出する。
顆粒球（顆粒細胞）	白血球の1種で，細菌を殺す食作用などをし，免疫にも関係する。顆粒球には，染色のされ方によって好中球，好酸球，好塩基球などがあり，たとえば，塩基性色素に染まるものを好塩基球といったりする。
リンパ球	白血球の1種で，抗体の生成や免疫に関係する。

●血液の構成

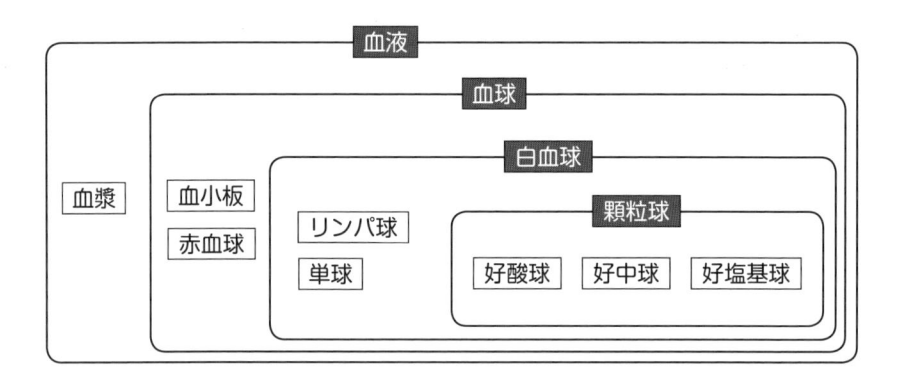

```
血液
├ 血漿
└ 血球
  ├ 血小板
  ├ 赤血球
  └ 白血球
    ├ リンパ球
    ├ 単球
    └ 顆粒球
      ├ 好酸球
      ├ 好中球
      └ 好塩基球
```

●細胞分裂周期

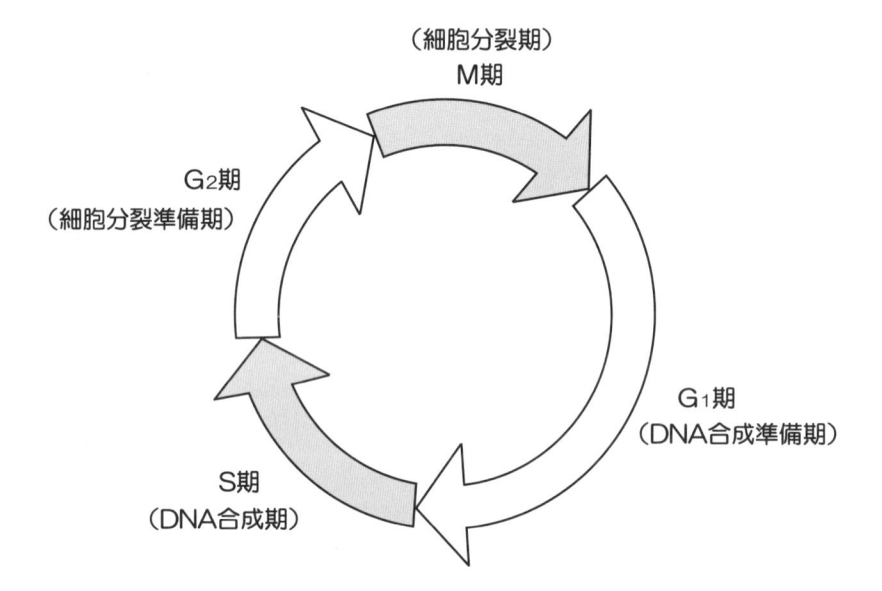

- M期（細胞分裂期）
- G₂期（細胞分裂準備期）
- S期（DNA合成期）
- G₁期（DNA合成準備期）

●各組織の放射線感受性

区分	組織の例
高い感受性の組織	骨髄，リンパ組織（リンパ節，胸腺，脾臓），生殖腺（精巣，卵巣），胎児
やや高い感受性の組織	皮膚上皮（表皮），毛のう，汗腺，水晶体，消化管上皮（消化管粘膜）
中程度の感受性の組織	腎臓，副腎，肺，肝臓，唾液腺，すい臓，甲状腺，子宮
高い抵抗性のある組織	筋肉，結合組織，血管，骨，軟骨，脂肪，繊維細胞，神経細胞，神経線維

●エックス線感受性の順序

区分	組織・器官	上位組織
再生系	①リンパ組織，骨髄，胸腺，脾臓	造血器官
再生系	②卵巣	生殖腺
再生系	③睾丸	生殖腺
再生系	④粘膜	
再生系	⑤唾液腺	
再生系	⑥毛のう	皮膚
再生系	⑦汗腺，皮脂腺	皮膚
再生系	⑧皮膚	皮膚
中間系	⑨漿膜，肺	
中間系	⑩腎臓	
中間系	⑪副腎，肝（肝臓），膵（すい臓）	
中間系	⑫甲状腺	
中間系	⑬筋肉	
中間系	⑭結合組織，血管	
非再生系	⑮軟骨	骨
非再生系	⑯骨	骨
非再生系	⑰神経細胞	神経系
非再生系	⑱神経繊維（神経線維）	神経系

重要事項

●低線量リスクの不確かさ

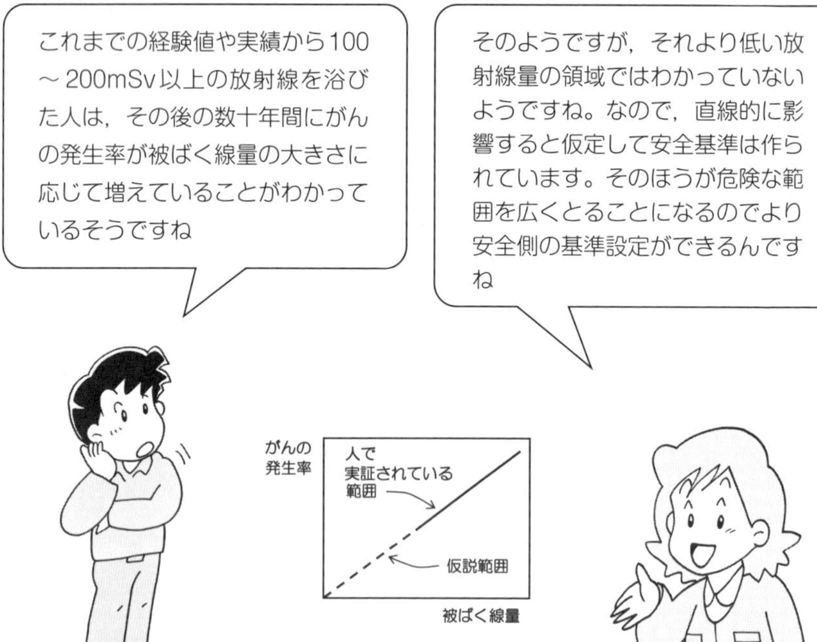

> これまでの経験値や実績から100〜200mSv以上の放射線を浴びた人は，その後の数十年間にがんの発生率が被ばく線量の大きさに応じて増えていることがわかっているそうですね

> そのようですが，それより低い放射線量の領域ではわかっていないようですね。なので，直線的に影響すると仮定して安全基準は作られています。そのほうが危険な範囲を広くとることになるのでより安全側の基準設定ができるんですね

低線量リスクの不確かさ

●線量と放射線影響の関係

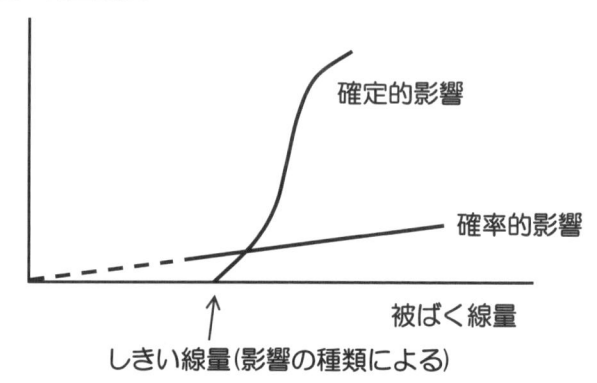

しきい線量(影響の種類による)

●放射線影響としきい線量

影響の種類	確定的影響	確率的影響
しきい線量	存在する	存在しないとみられている
線量の増加により変化する量	発症頻度と症状	発生確率
症状の例	白血球の減少, 皮膚の紅斑, 脱毛, 不妊, 白内障, 放射線宿酔など	がん, 遺伝的影響
放射線防護の主旨	発生の防止	発生の制限

●確定的影響のしきい線量

影響		しきい線量/Gy	影響		しきい線量/Gy
皮膚障害(皮膚炎)	初期紅斑	2	脱毛	一時的脱毛	3
	壊死	18		永久脱毛	7
女性の不妊	一時的不妊	0.65~1.5	白血球減少		0.25~0.5
	永久不妊	2.5~6	胎児影響	胚死亡(流産)	0.1
男性の不妊	一時的不妊	0.15		奇形	0.15
	永久不妊	3.5~6		精神発達遅滞	0.2
水晶体混濁		0.5~2		発育遅延	0.5
白内障		5(2~10)			

●放射線感受性

最も未分化の幹細胞＞幼若細胞＞成熟細胞
リンパ球＞顆粒球＞血小板＞赤血球

● 成熟細胞の平均的な寿命

血球類（成熟細胞）	平均的な寿命
リンパ球	2～3日程度
顆粒球	数時間から4～5日程度
血小板	7～10日程度
赤血球	120日程度

● 被ばくに対する細胞の特徴

血球類 （成熟細胞）	血球寿命	放射線感受性	しきい線量	被ばく後の減少開始時期
リンパ球	短い	きわめて高い	0.25Gy程度	照射後のきわめて早い時期
顆粒球	中程度	高い	0.5Gy程度	リンパ球の次に減少する
血小板	中程度	中程度	1Gy程度	顆粒球の次に減少する
赤血球	長い	低い	2Gy程度	最も後に減少する

● 数Gyの全身被ばく時における末梢血液細胞数の時間的変化

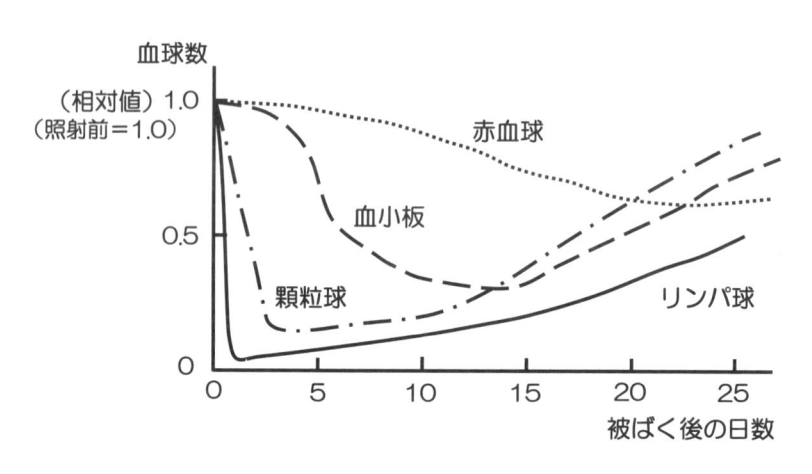

●皮膚の構造

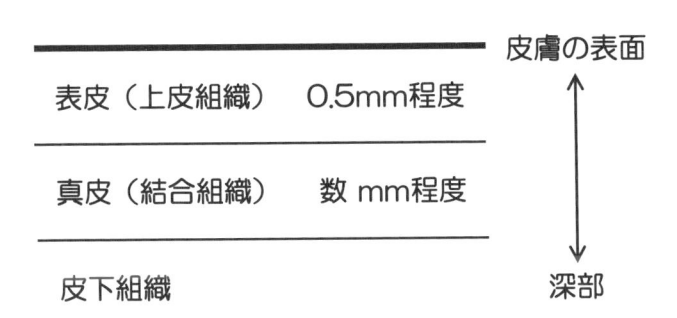

```
━━━━━━━━━━━━━━━━━━━━   皮膚の表面
  表皮（上皮組織）   0.5mm程度      ↑
─────────────────────
  真皮（結合組織）   数mm程度       │
─────────────────────         │
  皮下組織                          ↓
                              深部
```

●脱毛の種類と症状

脱毛の種類	被ばくレベルと症状
一時的脱毛	3Gy程度のエックス線被ばくで，毛のうの成長が止まり，3週間程度の潜伏期を経て脱毛に至る。しかし，被ばく後約1ヶ月で再び生え出して，2～3ヶ月程度でもとの状態に回復する。
永久脱毛	7Gy以上の被ばくで発生する。

●急性皮膚障害のしきい線量

障害内容	しきい線量/Gy	障害内容	しきい線量/Gy
初期紅斑	2程度	水泡	7～8
一時的脱毛	3程度	潰瘍	10以上
持続的紅斑	5程度	壊死	18以上
色素沈着	3～6	難治性潰瘍	20以上
永久脱毛	7以上		

●急性皮膚障害のレベルと症状

皮膚炎の段階	被ばくレベル/Gy	症状の状況
－	0.2～0.5	特別な症状は現れない。
第1皮膚炎	2程度	極く軽い紅斑が起こるが，通常一過性で数日間で消失する。
第1皮膚炎	3程度	3週間程度で脱毛が起きる。軽い紅斑も現れるが，回復する。充血，腫脹(腫れあがること)，水泡,びらん(糜爛，ただれること)などは生じない。軽い色素沈着が残ることはある。
第2皮膚炎	5～12	2週間程度の潜伏期を経て，強い紅斑や充血あるいは腫脹や脱毛も起きる。線量が多いと水泡や潰瘍も起きる。これらは3～4週間も続くが，いずれは色素沈着を残しますが回復する。
第3皮膚炎	12～18	潜伏期約1週間で水泡が生じ，それが後に潰瘍になる。
第4皮膚炎	20以上	3～5日の潜伏期の後，紅斑，水泡などの激しい症状が起き，長期にわたって潰瘍やびらんなどの症状が出る。

● 精子のできる過程

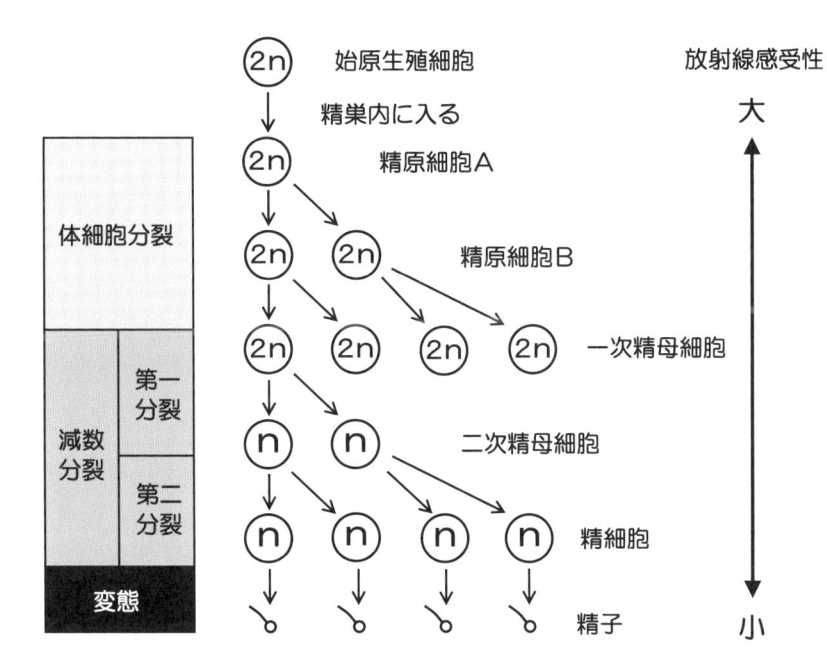

体細胞分裂		
減数分裂	第一分裂	
	第二分裂	
変態		

始原生殖細胞 (2n)
↓ 精巣内に入る
精原細胞A (2n)
↓
精原細胞B (2n) (2n)
↓
一次精母細胞 (2n) (2n) (2n) (2n)
↓
二次精母細胞 (n) (n)
↓
精細胞 (n) (n) (n) (n)
↓
精子

放射線感受性
大 ↕ 小

重要事項

193

●被ばく線量と死亡率の関係

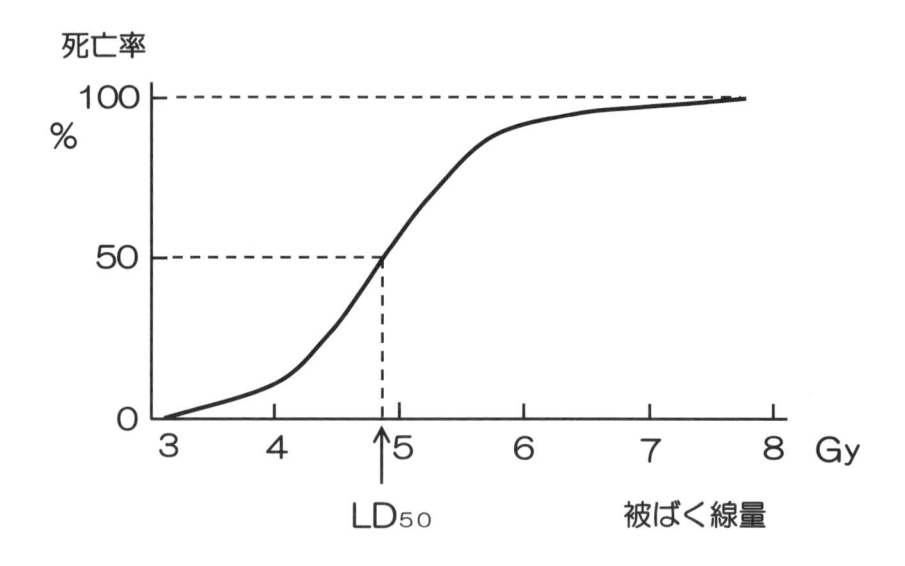

```
死亡率
 %
100 ┤                    _____
    │                ___/
    │              _/
 50 ┤- - - - - - /
    │          _/
    │      ___/
  0 ┤____/
    └─────┬─────┬─────┬─────┬─────┬──
    3     4    ↑5     6     7     8  Gy
              LD₅₀              被ばく線量
```

●人間の致死線量の程度

項目	致死線量/Gy
しきい線量	1.5
半致死線量	3～5
全致死線量	7～10

●エックス線の線量と症状の関係（一度に被ばくした場合）

被ばく線量/Gy	症状としての影響
0～0.25	精密な検査（染色体検査や精子数検査など）をすれば異常が認められる場合もあるが，血液検査などの通常の臨床検査では異常は見られず，目に見える症状はない。
0.25～5	目に見える症状や自覚症状はない。ただし，血液検査では白血球（顆粒球，リンパ球）の減少が認められる。0.25Gyは血液検査で変化の認められる最小値とされている。

0.5～1.0	被ばくを受けた人の10%に吐き気,おう吐,下痢,脱力感,頭痛などの軽い放射線症の症状が見られることがある。一時的に白血球数の減少などが認められるが,通常では数日以内に完全回復する。
1.0～2.0	線量の増大とともに急性放射線症の症状が増え,症状も強くなる。出血や胃腸障害が起こるが,死亡には至らない。ただし,放射線による能力低下が起きることはある。前駆症状(自律神経系の症状で,被ばく後48時間以内に,食欲不振,吐き気,おう吐,下痢などの胃腸症状,疲労,発熱,発汗,頭痛,震え,血圧低下,放射線宿酔)が起きることがある。リンパ球数は正常値の50%程度にまで減少するので細菌感染のおそれがあり,血小板の減少による血液凝固不全も起こる。人の死亡に対するしきい線量が1.5Gyとされているため,死者が出る可能性もある。
2～3	2Gyでは3時間後に約50%の人に,3Gyでは2時間後にほぼ全員に放射線宿酔が起こり,大多数の人に急性放射線症候群(次項に説明)が発症する。数%～25%程度の死者が出る。
4～5	被ばくした人の約50%が,急性放射線症によって死亡する(LD$_{50}$が4～5Gyであることはよく問われる)。
7程度	被ばくした人のほぼ全員が60日以内に死亡する。人の全致死線量は7～10Gy程度とされている(この数値はよく出題される)。

重要事項

●**急性放射線症候群**

初期	吐き気,おう吐,脱力感などの自覚症状と,リンパ球の減少が認められる被ばくの2日目までの時期
潜伏期	被ばく2日目から1週間程度は自覚症状がなくなる。
増悪期	末梢血液中のリンパ球,顆粒球,血小板,赤血球が減少し,皮膚の紅斑,脱毛,食欲不振などの症状が数週間続く時期。線量が多い場合には,出血が起きることや死に至ることもある。
回復期	線量が少ない場合には,1ヶ月以降に回復に向かう。

●急性死の様式

様式	照射線量／Gy	状態
分子死	数100以上	生体を構成する重要分子の変性によって，被ばく後数時間以内に死亡する。
中枢神経死	50～100超	被ばく直後に脳の中枢神経に異常が起き，線量の大きさによって人間では1～5日で死に至る。照射後，異常運動，けいれん発作，麻痺（しびれること，感覚がなくなること），後弓反張（けいれんなどによって全身が後方弓形にそりかえる状態），震せん（震顫，震えること）などの神経症状が起きる。
腸死（消化管死）	10～100	全身あるいは腹部への照射によって，胃腸に障害が起こる。腸の幹細胞が障害を受け，腸粘膜の欠落から，脱水，下痢，潰瘍，下血が現れ，敗血症（血液中に化膿菌などが侵入して毒素を出す疾病）によって死亡する。動物種ごとにほぼ一定の生存時間となり，マウスでは3.5日効果という。人間では10～20日程度である。
骨髄死（造血死）	2～10	骨髄などの造血臓器で幹細胞や幼若細胞の分裂が停止し，白血球や血小板が減少して，細菌感染による敗血症や出血などの症状が出る。生存期間は，マウスで10日から1ヶ月，人間で30～60日である。半致死線量（LD_{50}）の被ばくでは，この骨髄死が死因となる。
回復	2以下	一時的に造血機能が低下しても，生き残った幹細胞の増殖で短時間に回復する。ただ，晩発障害として，平均寿命の短縮や白血病のようながんが起こる危険性はある。

●胎児の発育時期と被ばくの影響

胎児の発育時期	定義	被ばくの影響
着床前期	受精卵が子宮壁に着床する前の時期	生死が問題になる。この時期に死亡することを**胚死亡**という。
器官形成期	生まれてくるために必要な多くの器官が作られる時期	被ばくの時期に応じて各種の奇形が発生するおそれがある。
胎児期	作られた各器官が，生まれたときの適正にして必要な大きさになるまでの時期	精神発達遅滞，発育遅延，新生児死亡が問題になる。

●RBE（生物学的効果比）

$$RBE = \frac{ある生物学的効果を得るために必要な基準放射線吸収線量}{同一の生物学的効果を得るために必要な対象の放射線吸収線量}$$

●等価線量

等価線量	内容
1cm線量当量 (H_{1cm})	・皮膚を除く身体全体の臓器に対する外部被ばくによる等価線量を評価する際に用いられる。 ・身体の表面から深さ1cmの場所における線量とみなされる量 ・外部被ばくによる実効線量を評価する際には，これを用いる。
70μm線量当量 ($H_{70μm}$)	・外部被ばくによる皮膚の等価線量を評価する際に用いられる指標 ・身体の表面から深さ70μmの場所における線量当量とみなされる量 ・外部被ばくによる眼の水晶体の等価線量を評価する指標としては，1cm線量当量あるいは70μm線量当量のうち，適切な方法を選択して評価

重要事項

●放射線業務従事者の被ばく限度

作業区分	被ばく対象	線量限度区分	性別	基準限度
一般作業	作業全般	実効線量限度	男性,妊娠しない女性	100mSv/5年かつ50mSv/年
			妊娠可能女性	5mSv/3月
	眼の水晶体	等価線量限度	男女とも	150mSv/年
	皮膚			500mSv/年
	腹部表面	等価線量限度	妊娠と診断された女性	2mSv/妊娠中
	内部被ばく	実効線量限度		1mSv/妊娠中
緊急作業	作業全般	実効線量限度	男性,妊娠しない女性	100mSv/作業中
	眼の水晶体	等価線量限度	男性,妊娠しない女性	300mSv/作業中
	皮膚	等価線量限度	男性,妊娠しない女性	1Sv/作業中

|編著者|

福井　清輔（ふくい　せいすけ）

〈略歴および資格〉

福井県出身。
東京大学工学部卒業。東京大学大学院修了。
工学博士。

〈主な著作〉

「わかりやすい　エックス線作業主任者試験　合格テキスト」（弘文社）
「実力養成！エックス線作業主任者試験　重要問題集」（弘文社）
「本試験形式！エックス線作業主任者　模擬テスト」（弘文社）＊本書
「わかりやすい　第1種放射線取扱主任者　合格テキスト」（弘文社）
「わかりやすい　第2種放射線取扱主任者　合格テキスト」（弘文社）
「実力養成！第1種放射線取扱主任者　重要問題集」（弘文社）
「実力養成！第2種放射線取扱主任者　重要問題集」（弘文社）
「第1種放射線取扱主任者　実戦問題集」（弘文社）
「第2種放射線取扱主任者　実戦問題集」（弘文社）

※弊社ホームページ http://www.kobunsha.org では，書籍に関する様々な情報（法改正や正誤表等）を随時更新しております。ご利用できる方はどうぞご覧ください。正誤表がない場合，あるいはお気づきの箇所の掲載がない場合は，下記の要領にてお問い合せください。

本試験形式！
エックス線作業主任者 模擬テスト

編 著 者	福井 清輔
印刷・製本	(株)チューエツ

発 行 所	株式会社 弘文社	〒546-0012 大阪市東住吉区中野2丁目1番27号 ☎ (06)6797-7441 FAX (06)6702-4732 振替口座 00940-2-43630 東住吉郵便局私書箱1号
代 表 者	岡﨑 達	

ご注意
(1) 本書は内容について万全を期して作成いたしましたが，万一ご不審な点や誤り，記載漏れなどお気づきのことがありましたら，当社編集部まで書面にてお問い合わせください。その際は，具体的なお問い合わせ内容と，ご氏名，ご住所，電話番号を明記の上，FAX，電子メール（henshu2@kobunsha.org）または郵送にてお送りください。なお，お電話でのお問い合わせはお受けしておりません。
(2) 本書の内容に関して適用した結果の影響については，上項にかかわらず責任を負いかねる場合がありますので予めご了承ください。
(3) 落丁・乱丁はお取り替えいたします。